AF567844

Die neue GORCH FOCK
Die wechselvolle Geschichte einer Legende

Ulf Kaack
Achim Winkler

DIE NEUE GORCH FOCK

DIE WECHSELVOLLE GESCHICHTE EINER LEGENDE

Inhaltsverzeichnis

Titelfoto:

Die ersten Segelübungen nach der fast sechsjährigen Werftzeit bei leichten Winden, die Stammbesatzung musste sich nach dieser langen Zeit erst selbst wieder mit der GORCH FOCK und ihren Segeleigenschaften vertraut machen.

Vorwort

Vizeadmiral Jan Christian Kaack, seit dem Frühjahr 2022 Inspekteur der Deutschen Marine, nahm 1983 als junger Kadett an der 70. Auslandsausbildungsreise der Gorch Fock teil.

Sehr geehrte Leserinnen und Leser,

„Weiß ist das Schiff, das wir lieben!" Die erste Textzeile des Liedes, das von dem damaligen Navigationsoffizier und späteren Kommandanten, dem sagenumwobenen Kapitän zur See Hans Freiherr von Stackelberg, komponiert wurde, bringt die Sonderstellung der Gorch Fock in unserer Marine auf den Punkt.

Die Gorch Fock ist mit ihren stolzen 65 Jahren Dienstzeit nicht nur das älteste, sondern vor allem auch mit Abstand beliebteste Schiff der Deutschen Marine und kann sich vom Bekanntheitsgrad in der deutschen Öffentlichkeit sicher auch mit den großen Traditionsmarken messen. Sie ist ein echter medialer Dauerbrenner, und es gibt sogar Briefmarken und Münzen mit der schlanken Silhouette der Dreimastbark. 30 Jahre lang zierte sie zudem die Rückseite des 10-Mark-Scheines. Sehr praktisch für uns junge Kadetten damals, denn man zückte einfach das Portemonnaie, zog den „10er" heraus und illustrierte dann dem staunenden Publikum mit Hilfe der Banknote in anschaulicher Weise seine „Heldentaten" an Bord.

Mit den Jahrzehnten wuchsen auch die Attribute, die man dem stolzen Schiff zugeschrieben hat. Der „weiße Schwan der Ostsee", „Kiels schwimmende Landmarke", „der schwimmende Hörsaal" und natürlich „Deutschlands segelnde Botschafterin" oder in früheren Jahren auch die „Friedensbotschafterin in Weiß".

Von Anbeginn bestimmte nicht nur die Marine, sondern vor allem auch das Auswärtige Amt den Kurs des „diplomatischen Eisbrechers". Ein gutes Jahrzehnt nach dem Krieg symbolisierte die Gorch Fock mit ihren Besatzungen und der schwarz-rot-goldenen Flagge im Mast sehr erfolgreich das neue, weltoffene Deutschland. Die sensiblen Höhepunkte dieser Mission waren dabei sicher die Besuche 1974 in Danzig, dem Ort, an dem der Zweite Weltkrieg begann, und auch in Haifa 1988, als erstmalig deutsche Soldaten israelischen Boden betraten.

Vor allem aber ist die Gorch Fock das Schulschiff, auf dem Generationen von Offizier- und Unteroffizieranwärtern die ersten Seebeine wuchsen. Schon mit Kiellegung der Bark gab es eine lebhafte Debatte, ob ein Segelschiff für die Ausbildung nicht aus der Zeit gefallen sei. Heute, 65 Jahre später, sind wir genauso überzeugt wie unsere Vorgänger damals, dass die seemännische Grundausbildung auf einem Segelschulschiff unverzichtbarer Bestandteil für die maritime Prägung späterer Vorgesetzter ist. Dabei geht es nicht in erster Linie um Theorie und Praxis der Seemannschaft, sondern vor allem um Per-

sönlichkeitsentwicklung.

Die jungen Kadetten und Kadettinnen erleben hautnah die Elemente Wind und Wasser, die nicht zähmbar, sondern höchstens beherrschbar sind. Die Kadetten lernen, dass man nur im Team bestehen kann, dass man im wahrsten Wortsinn an einem Strang ziehen muss um das Ziel zu erreichen. Auch Enge und der weitgehende Verzicht auf Privatsphäre und Individualität sind wertvolle Erfahrungen, die viele junge Frauen und Männer das erste Mal in ihrem Leben machen. Das gilt insbesondere für die Generation Z, die in der nächsten Generation die Deutsche Marine gestalten wird.

Das Segelschulschiff der Deutschen Marine – hier festgemacht an der berühmten Hakenterrasse im polnischen Szczecin, vormals Stettin – ist eine schwimmende Repräsentantin Deutschlands auf dem diplomatischen Parkett.

Jeder, der mit dem Schiff gefahren ist, hat eine Haltung dazu entwickelt. In der Kurzform, man hasst oder liebt es, aber beide Gruppen eint in der Nachschau, sehr von der Zeit profitiert zu haben. Alle haben die Zeit an Bord in lebendiger Erinnerung. Auch für mich ist meine großartige Reise im Rahmen der 70. Auslandsausbildungsreise, beginnend mit einem Flug über den „großen Teich" nach Amerika, Einstieg in die Segelvorausbildung in Norfolk/Virginia das Schlüsselerlebnis meiner Anfangsjahre in der Marine. Ich erinnere mich noch gerne an die Liegezeiten in Philadelphia mit dem Besuch des damaligen Bundespräsidenten Carl Carstens, an Portsmouth/New Hampshire im „Indian Summer", sowie den Rücktransit über Ponta Delgada auf den Azoren bis nach Deutschland.

Liebe Leserinnen und Leser, schon allein dies Grußwort zu schreiben, hat mir viel Freude bereitet und mir noch einmal vor Augen geführt, wie viele Geschichten es um unser Segelschulschiff zu erzählen gibt. Leider sind das nicht nur leichte, heitere Anekdoten und fesselnde Erlebnisse, sondern manchmal auch Tragödien und persönliche Schicksale, die einem das Herz zerreißen.

Lassen Sie sich von diesem Buch in den Bann ziehen, erleben Sie die Faszination Seefahrt und bleiben Sie uns, der Deutschen Marine und dem Schulschiff Gorch Fock weiterhin verbunden.

Jan Christian Kaack
Vizeadmiral

Heimke

Heimkehr ... und ein Statement

Von Ende 2015 an lag die Gorch Fock für fast sechs Jahre in der Werft. Herausgekommen ist am Ende dieser langen Zeit ein im Prinzip neues Schiff. Anfang Oktober 2021 kehrte die Bark zurück in ihren Heimathafen Kiel und wurde begeistert empfangen.

Die klangliche und optische Kulisse in Kiels Innenförde hätte nicht feierlicher sein können, als die Gorch Fock am 4. Oktober 2021 in die Innenförde einläuft. Mit den höchsten militärischen Ehren des Bundesverteidigungsministeriums wird der strahlend weiße Dreimaster empfangen. 20 Schuss feuert der Salutzug des Wachbataillons aus fünf „Feldhaubitzen 105 mm" von der Oskar-Kusch-Mole ab. Den 21. Schuss erwidert die Gorch Fock, akustisch flankiert von einem tieftönenden Konzert aus den Typhonen der umliegenden Wasserfahrzeuge.

Die Gorch Fock passiert das Marineehrenmal in Laboe, eskortiert vom Minenjagdboot „Bad Rappenau", Seenotkreuzer „Berlin" und dem historischen Fördedampfer „Stadt Kiel" sowie diversen Sportbooten.

Zum Empfang feuert das Wachbataillon 20 Salutschüsse ab.

Tausende Kieler Bürger und Freunde der Bark säumen das farbenfroh geflaggte Ufer, um „ihrem Schiff" nach so vielen Jahren ein herzliches Willkommen zu bereiten. Auch die Medienpräsenz ist enorm. Zahlreiche Schiffe und Boote bilden einen Konvoi um die Heimkehrerin. Kern der Eskorte sind die beiden Minenjagdboote „Fulda" und „Bad Rappenau", die Polizeiboote „Staberhuk" und „Fehmarn", die Zoll-Einheiten „Holnis" und „Amrum", der DGzRS-Seenotkreuzer „Berlin" sowie der historische Fördedampfer „Stadt Kiel".

Es ist die erste längere Seefahrt des Segelschulschiffes der Deutschen Marine seit dem Ende der 168. Ausbildungsreise am 25. November 2015 in Wilhelmshaven. Einen Monat zuvor hatte es von der Lürssen Werft in Lemwerder in den Marinestützpunkt Wilhelmshaven verlegt. Hier nahm der Marinearsenalbetrieb die Endausrüstung sowie verschiedene Erprobungen vor. Dazu zählten ein Krängungsversuch, die Prüfung der Funk- und Navigationssysteme sowie mehrere Werftprobefahrten. Ein Ventilschaden an der Hauptmaschine bremste den Endspurt nur kurzfristig aus. Am 30. September 2021 wurde die Werftflagge eingeholt und die Gorch Fock offiziell an die Deutsche Marine zurückgegeben. Noch am selben Tag ließ der Kommandant die Leinen loswerfen zur Rückreise in den Heimathafen.

„Nach all dem Tohuwabohu der letzten Wochen haben meine Besatzung und ich großen Wert darauf gelegt, dass wir auf diesem Törn zurück in den Heimathafen unter uns sind", erklärt Kapitän zur See Brandt. „Keine Techniker und Journalisten, Politiker oder Vorgesetzte an Bord – ausschließlich mein 120-köpfiges Team, das so viel geleistet hat und so viel ertragen musste in der Vergangenheit. Die Reise von Wilhelmshaven rund um Skagen bis in die Eckernförder Bucht, dem vorletzten Etappenziel, war stürmisch und bewegt, aber voller Freude, endlich zurück nach Kiel zu kommen."

Eskorte auf See und in der Luft

4. Oktober 2021: Über Nacht hat der Dreimaster vor dem Marinestützpunkt Eckernförde geankert. Kurz nach der Seeklar-Meldung stößt hochkarätiger Besuch zur Besatzung: die Bundesministerin der Verteidigung Annegret Kramp-Karrenbauer sowie Vizeadmiral Kay-Achim Schönbach, der Inspekteur der Marine. Nach dem Aufholen des Ankers nimmt die Gorch Fock die letzten Seemeilen unter den Kiel.

Als erster Vorbote des Empfangskomitees taucht am Horizont ein Flugzeug mit tief-sonorem Motorengeräusch auf, das sich beim Näherkommen als C-160 Transall des Lufttransportgeschwaders 63 entpuppt. Die Maschine mit der Kennung 50+40 befindet sich auf Abschiedstour. Welch eine Symbolik: Während der legendäre Transportflieger nach 58 Einsatzjahren die Truppe verlässt, präsentiert sich die fast 65 Lenze zählende Gorch Fock frisch revitalisiert und fit für

Im Rahmen ihrer Abschiedstour überfliegt die Transall des LTG 63 die Bark von achtern über alle Toppen.

die nächsten Jahrzehnte. Wenig später stößt die Sea Lynx 83+25 des im niedersächsischen Nordholz beheimateten Marinefliegergeschwaders 5 hinzu und fliegt gemeinsam mit der Transall elegante Kreise um die Heimkehrerin. Und auch die Kameraden vom Taktischen Luftwaffengeschwader 51 „Immelmann" aus Schleswig-Jagel schicken einen Tornado-Kampfjet in den Luftraum über der Landeshauptstadt.

Eine knappe Seemeile nach Passieren des Leuchtturms Bülk lässt Kapitän zur See Nils Brandt einen südlichen Kurs anlegen, hinein in die Kieler Förde, wo jetzt reichlich Verkehr herrscht und sorgfältig navigiert werden muss. Querab vom Marine-Ehrenmal Laboe nehmen die Freiwachen Aufstellung zum „Gruß nach Backbord" und salutieren – wie es an diesem Ort gute Sitte ist für Einheiten aller Seestreitkräfte dieser Welt – zu Ehren der auf den Ozeanen ums Leben gekommenen Seeleute.

Grandioser Empfang

Als der Leuchtturm Friedrichsort steuerbordachteraus gelassen wird, gerät das Einlaufen zu einem überwältigenden Moment voller Pathos. Der bislang graue, mit einer dichten Wolkendecke verhangene Himmel reißt plötzlich auf und taucht das Szenario in gleißendes Sonnenlicht. In ihrer ganzen weißen Pracht erstrahlend, läuft die Gorch Fock in langsamer Fahrt vorbei an den Kanalschleusen und am Marinestützpunkt, von dort durch die Salutschüsse akustisch begrüßt, dreht als Ehrerweisung an den Landtag Schleswig-Holsteins in der Innenförde vor dem Landeshaus. Gerade legt die „Color Magic" ab mit Zielhafen Oslo und bildet mit dem stadtbildprägenden Bockkran der TKMS-Werft eine prächtige Kulisse.

Kapitän zur See Brandt nimmt Fahrt aus seinem Schiff, lässt schließlich aufstoppen und die Festmacherleinen an der Bachbordseite klarmachen.

Das Segelschulschiff der Deutschen Marine passiert an der Kiellinie, dem ehemaligen Hindenburgufer, den Schleswig-Holsteinischen Landtag, der am 26. Januar 1982 die Patenschaft für die Bark übernommen hat.

Kapitän zur See Nils Brandt steuert das Anlegemanöver am Backbord-Fahrstand.

Zwei Schlepper, die „Stein“ und die „Holtenau“, bleiben mit ihren mächtigen Trossen in Standby-Position beim Anlegemanöver an der frisch umbenannten „Gorch Fock“-Mole“, die vor wenigen Tagen noch Tirpitz-Mole hieß. Zünftige maritime Klänge lässt das Marinemusikkorps Kiel erklingen. Menschenmassen auf dem Anleger und an der gegenüberliegenden Kiellinie. Bei der Besatzung sitzt bei dem Manöver jeder Handgriff, ein Rädchen greift perfekt ins andere. Nachdem das Leinenkommando die Gorch Fock schließlich fest an ihrem Liegeplatz vertäut hat, ist es Schleswig-Holsteins Ministerpräsident Daniel Günther, der als erster über die Gangway an Bord eilt. Auf dem achterlichen Hauptdeck ist die Besatzung zur Abschlussmusterung angetreten. Dazwischen Offizielle und jede Menge Medienvertreter. Kameras und Mikrophone werden geschwenkt. Trotz des straffen militärischen Zeremoniells herrscht freudige Entspanntheit unter den Anwesenden – bei Soldaten und Zivilisten. Eine exakt 2232 Tage währende Odyssee – begleitet von Skandalen, Korruption, ausufernden Kosten sowie jeder Menge negativer Schlagzeilen – hat ein versöhnliches Ende gefunden.

„Wir haben uns zu diesem Segelschulschiff bekannt, wir haben gesagt, wir wollen die Gorch Fock, damit noch viele Generationen sie nutzen können. Wir sind ein reiches Land und ich finde, dieses kleine Stück Tradition und Emotion, das können wir und das sollten wir uns auch leis-

Musikalische Begrüßung durch das Marinemusikkorps Kiel, im Hintergrund der Tender „Rhein“.

„Stein“ und „Holtenau“, beides Hafen- und Seeschlepper mit Schottelantrieb, unterstützen auf den letzten Metern.

ten“, versichert die Verteidigungsministerin der angetretenen Besatzung. Eine Ironie am Rande: Drei Wochen später endete die gut zweijährige Amtszeit von Annegret Kramp-Karrenbauer nach einem Regierungswechsel in Berlin.

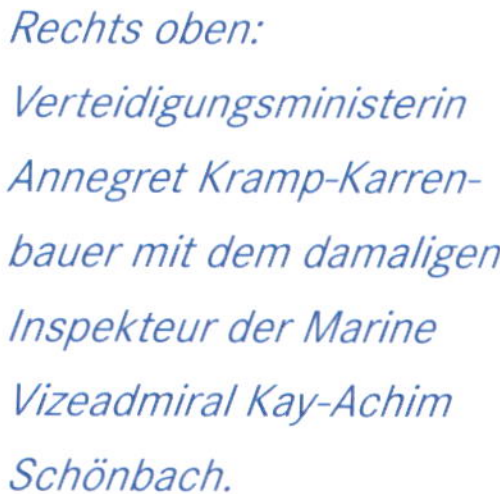

Rechts oben: Verteidigungsministerin Annegret Kramp-Karrenbauer mit dem damaligen Inspekteur der Marine Vizeadmiral Kay-Achim Schönbach.

Übergabe der Festmacherleine.

Schleswig-Holsteins Ministerpräsident Daniel Günther und der Kommandant.

Kapitän zur See Brandt im Fokus der Medienvertreter.

Segelschulschiffe – ein Anachronismus?

Hauptsächlich durch die immer weiter gestiegenen und in der Presse viel diskutierten Kosten, aber durchaus nicht nur deshalb, gab und gibt es auch eine Menge kritischer Fragen: Wofür leistet sich die Deutsche Marine heute noch so ein altmodisches und kostspieliges Segelschiff für die Ausbildung angehender Marineoffiziere? Könnte die Ausbildung nicht viel effektiver auf den grauen Marineschiffen erfolgen? Warum nutzt man für die grundlegende Ausbildung nicht Simulatoren? Wieso muss ein künftiger Marineoffizier heute noch segeln lernen? In einem Kommentar aus dem Jahr 2019 wird die Frage gestellt: „Wenn die beiden besten Marinestreitkräfte der Welt ohne Segelschulschiff auskommen, wieso ist dann die Gorch Fock für die Deutsche Marine angeblich unverzichtbar?“ Gemeint waren die britische Royal Navy und die US Navy, die Marine der Vereinigten Staaten von Amerika. In der Bewertung werden dann die Gorch Fock und ähnliche Schiffe – im Grunde folgerichtig – als Anachronismus bezeichnet.

Diese und weitere kritische Fragen und Kommentare werden oft und auch schon seit längerem immer wieder gestellt beziehungsweise veröffentlicht. Sie sind auch durchaus berechtigt – allemal aus der Perspektive des Laien, der weder die Marine kennt noch Erfahrung mit der Seefahrt an und für sich hat. Um die einfachste solcher Fragen gleich an dieser Stelle zu beantworten: Die jungen Offizieranwärter und -anwärterinnen, im Fachjargon Kadetten genannt, lernen auf dem Segelschulschiff mitnichten das Segeln! Dafür ist der große rahgetakelte Dreimaster auch völlig ungeeignet. Zwar lernen die Kadetten im Rahmen ihrer Ausbildung tatsächlich das Segeln, aber das geschieht an der Marineoffizierschule auf kleinen Segelbooten. Aber dazu etwas später an anderer Stelle mehr.

Werfen wir zunächst einen Blick in die Geschichte der militärischen Seefahrt, auch über Deutschland hinaus. Ab etwa Mitte des 19. Jahrhunderts setzte sich im Zuge der Industrialisierung die Dampfmaschine überall durch. Als Antriebsanlage hielt sie auch auf Schiffen Einzug und verdrängte zunehmend das Segel als Antrieb. Für die militärische Seefahrt muss man diese Entwicklung im Prinzip als Quantensprung bewerten, da sie in der Folge nicht nur den taktischen Waffeneinsatz revolutionierte. Als Kriegsschiffe waren reine Segelschiffe schlagartig wertlos. Auch das ist in dem oben zitierten Kommentar völlig richtig beschrieben.

Als schwimmende Schule für die angehenden Seeoffiziere der Marine sind die Segelschiffe aber fast ohne Unterbrechung bis heute geblieben – in Deutschland und auch in vielen ande-

Ende des 19. Jahrhunderts waren Kriegsschiffe unter Segeln praktisch wertlos, wie auf diesem Gemälde von Albert Brenet unschwer zu erkennen ist, Einige verblieben jedoch als Schulschiffe in der Kaiserlichen Marine.

ren Nationen. Um der Geschichte und der Ehrlichkeit treu zu bleiben, muss man sagen, dass dies am Anfang eher ein Zufall war. Um sie nicht alle sofort verschrotten oder sonst wie entsorgen zu müssen, wurden etliche der wertlos gewordenen Segel-Kriegsschiffe zu reinen Ausbildungsschiffen quasi entwertet. Eine Weile blieb das so, aber relativ schnell erkannte man den Wert dieser zu Schulschiffen „degradierten" Segelschiffe als Ausbildungsplattform für die seemännische und nautische Grundausbildung insbesondere des Offiziernachwuchses.

Segelschulschiffe auf allen Weltmeeren

Diese Erkenntnis, die, nebenbei bemerkt, auch für die zivile Handelsseefahrt galt, machte sich in Deutschland, aber eben auch in vielen anderen Nationen breit, ganz besonders aber in diversen namhaften Marinen. Beispiel Royal Navy: Diese ist anerkanntermaßen eine der ältesten und vielleicht auch besten Marinen der Welt – neben anderen Seefahrernationen wie Spanien, Portugal sowie den Niederlanden und ein paar weiteren. In der Tat hat die Royal Navy, die Marine des Vereinigten Königreiches, wie es heute heißt, kein Segelschulschiff, und das durchaus schon länger. Warum, ist schwer zu sagen. Dabei blickt man insbesondere dort auf eine lange Tradition von Segelschiffen und Segelschulschiffen zurück.

Als erster Name mag einem da die berühmte „Cutty Sark" aus der zweiten Hälfte des 19. Jahrhunderts einfallen, die heute noch als stolzes Museumsschiff am Themseufer vor dem alten Royal Naval College in Greenwich nahe London liegt. Auch die beiden wunderschönen Dreimastschoner „Sir Winston Churchill" und „Malcolm Miller" der internationalen „Sail Training Association", die gar ihren Ursprung und auch ihren Sitz im Vereinigten Königreich hat, sind unvergessen, wenn auch inzwischen in anderen Händen. Sie fuhren als Segelschulschiffe, auch mit guten Beziehungen zur Royal Navy. Oder die kleine Brigg „Royalist" der „Marine Society &

Sea Cadets“, die heute noch als Segelschulschiff fährt, ebenfalls mit gutem Draht zur Royal Navy. Auch die US-Navy besitzt, wie im oben zitierten Kommentar ebenfalls richtig wiedergegeben, kein solches. Die eben auch genannten Nationen leisten sich in ihren Seestreitkräften hingegen allesamt Segelschulschiffe, Portugal mit der „Sagres II“, einer der älteren Schwestern der Gorch Fock, Spanien mit dem großen Viermaster „Juan Sebastian de Elcano“ sowie die Niederlande mit der „Urania“. Diese Liste ließe sich um mindestens zwei Dutzend weitere Namen ergänzen, darunter auch Nationen, die erst spät den Wert eines Segelschulschiffes erkannt haben. Die brasilianische Marine beispielsweise hatte etwa vier Jahrzehnte kein Segelschulschiff, bis sie im Jahr 2000 mit der „Cisne Branco“ wieder ein solches in Dienst gestellt hat. Indien hat 1997 mit der „Tarangini“ ein erstes – und mit der „Sudarshini“ 2012 gleich ein zweites Segelschulschiff in den Dienst seiner Marine gestellt. Selbst Algerien hat 2017 mit der „El Mellah“, einem imposanten, als Vollschiff getakelten Dreimaster, Neuland betreten. In Südamerika betreibt nicht nur Brasilien, sondern alle Küstenanrainer jeweils ein Segelschulschiff, abgesehen lediglich von den drei Kleinstaaten Guyana, Surinam und Französisch-Guyana an der Nord-Ost-Ecke des Kontinents. Selbst China denkt über ein oder mehrere Segelschulschiffe für seine Marine nach.

Segelschulschiff „Sagres II“ der Marine Portugals, ein Schwesterschiff der Gorch Fock.

Als Viermastbark getakeltes Segelschulschiff „Nippon Maru" des Institute of Sea Training in Tokio.

*Rechts oben:
Der als Bark getakelte Dreimaster „Tarangini" der indischen Seestreitkräfte.*

Unter ziviler Flagge

Um das Bild rund und plastisch zu machen, muss man im Übrigen – wie bereits erwähnt – auch die zivile, die sogenannte christliche See-

„Cisne Branco" – Segelschulschiff der Marine Brasiliens.

Als Vollschiff getakelt: die algerische „El Mellah".

fahrt einbeziehen. Viele zivile Seefahrtsschulen nutzen ebenfalls Segelschulschiffe. Auch diese dürften wissen, warum. Als prominente Beispiele seien hier die beiden großen Viermastbarken „Nippon Maru" und „Kaiwo Maru" aus Japan, die „Mir", die „Sedov" sowie drei bis vier weitere russische Segelschulschiffe genannt. Das sicher bekannteste deutsche Schiff in diesem Kreis dürfte die „Alexander von Humboldt" sein, bei vielen durch seine grünen Segel und die Auftritte in der Fernseh-Werbung für eine Biersorte vielleicht eher als Becks-Schiff bekannt.
Und die Royal Navy? Auch dort wird, wie aus dem Munde mehrerer ihrer Offiziere zu hören war und ist, seit einiger Zeit wieder über ein Segelschulschiff nachgedacht. Ob diese Gedanken angesichts der immensen finanziellen Schwierigkeiten der Royal Navy, nicht zuletzt durch das mehr als ehrgeizige Flugzeugträger-Programm verursacht, tatsächlich irgendwann Realität werden, das lässt sich bestenfalls spekulativ beantworten und muss daher an dieser Stelle offen bleiben.

„Alexander von Humboldt" – ziviles Schulschiff der Deutschen Stiftung Sail Training.

Segelschulschiffe – ein Schnupperkurs!

Um was geht es nun eigentlich bei der Ausbildung auf einem Segelschulschiff? Oder anders gefragt – was ist daran so wichtig, dass es in der Deutschen Marine als unverzichtbar bezeichnet wird? Dass die Kadetten dort nicht segeln lernen, wurde bereits erwähnt. Sie lernen dort auch nicht das nautische oder das seemännische Handwerkszeug – dieses vielleicht und im Idealfall schon, aber maximal in ersten Ansätzen. Dafür ist die Zeit, die die jungen Männer und

Das Lernen von Seemannsknoten ist der allererste Schritt des seemännischen Handwerks.

Frauen, Kadetten und Kadettinnen, an Bord des Schiffes verbringen, viel zu kurz.

Traditionell belief sich ihre Zeit der Einschiffung auf rund zwei Monate. Abzüglich einer etwa 14-tägigen Segelvorausbildung verblieben rund sechs Wochen Seefahrt, unterbrochen durch in der Regel zwei mehrtägige Liegezeiten in Auslandshäfen. In jüngster Vergangenheit sind diese Stehzeiten aus unterschiedlichen Zwängen erheblich gekürzt worden, natürlich zu Lasten der Zeit für die eigentliche Ausbildung. Die Bezeichnung „seemännisches Grundpraktikum" für diesen Ausbildungsabschnitt ist daher folgerichtig. Mehr ist es nicht, aber auch nicht weniger!

Abgesehen von einigen Kadetten, die bereits eine Vordienstzeit als Mannschaften oder Unteroffiziere in der Marine hinter sich haben, ist die Mehrzahl der jungen Offizieranwärter und -anwärterinnen bislang zur Schule gegangen, hat frisch das Abitur bestanden und ist in behütetem Elternhaus mit persönlichem Rückzugsraum und allen Annehmlichkeiten der heutigen Zeit aufgewachsen. Das sei jedem jungen Menschen von Herzen gegönnt. Aber die Entscheidung, Marineoffizier werden zu wollen, bringt zwangsläufig einen Wechsel in eine völlig andere – um nicht zu sagen sehr viel unbequemere Welt mit sich. Seefahrt hat viel mit Romantik zu tun, aber auch mit oft harter Arbeit und vielen Entbehrungen. Im Grunde findet Seefahrt in einer für uns Menschen lebensfeindlichen Umgebung statt.

Kräftemessen mit den Elementen

Jedes kleine und große Wasserfahrzeug, das die Weltmeere befährt, setzt sich den Elementen aus. Das betrifft Segelboote und -schiffe genauso wie Motorboote, Marineschiffe, große Tanker und Containerfrachter, auch Kreuzfahrtschiffe und Fähren. Die besagten Elemente setzen sich aus einer Vielzahl von Einzelfaktoren zusammen und münden im Zusammenspiel von See und Wetter. Die unmittelbar spürbaren sind sicher das Windgeschehen und die resultierenden Seegangs- und Strömungsverhältnisse. Diese zu beobachten und auf Veränderungen zu reagieren, kann lebenswichtig sein. Die Elemente sind im Zweifel stärker als jedes noch so große Seefahrzeug. In der Geschichte der Seefahrt sind unzählige Tragödien der sichere Beweis dafür.

Der Segler nutzt die Kraft der Elemente für seine Fortbewegung und hat insofern eine unmittelbare Beziehung zu ihnen, das motorgetriebene Boot oder Schiff nicht unbedingt. Auf einer geschlossenen und beheizten beziehungsweise klimatisierten Brücke, wie sie heute Standard ist, lässt es sich komfortabel zur See fahren. Darüber hinaus hat die zunehmende Digitalisierung auch der Seefahrt viele wertvolle Hilfsmittel gebracht. GPS-Navigation, Radargeräte mit Kollisionswarnern sowie zuverlässige Wetterinformationen, die auch auf See per Internet verfügbar sind, gehören heute ebenfalls zum Standard. Man muss die klimatisierte Brücke nicht mehr verlassen, um sich kaltem Wind und überkom-

Altbewährtes und Neuzeit treffen im Kartenhaus der Gorch Fock aufeinander.

mender Gischt auszusetzen. Allerdings – die Elemente interessiert die Digitalisierung und deren Genauigkeit überhaupt nicht. Sie sind schlicht analog und werden das auch immer bleiben. Insofern ist jeder Seemann gut beraten, ihnen mit gehörigem Respekt zu begegnen.

Schon eine kleine Windzunahme, zusammen mit einer geringfügigen Winddrehung, kann ein Anzeichen für das Herannahen einer Boe sein. Diese muss nicht gefährlich sein, aber es ist nie auszuschließen, dass sie es sein kann. Der Segler spürt diese Veränderung sofort und stellt sich auf entsprechende Reaktion ein. Auf der geschlossenen Brücke werden solche Veränderungen auf den dafür vorgesehenen Geräten auch angezeigt, aber ob sie bei ansonsten vielleichtru-

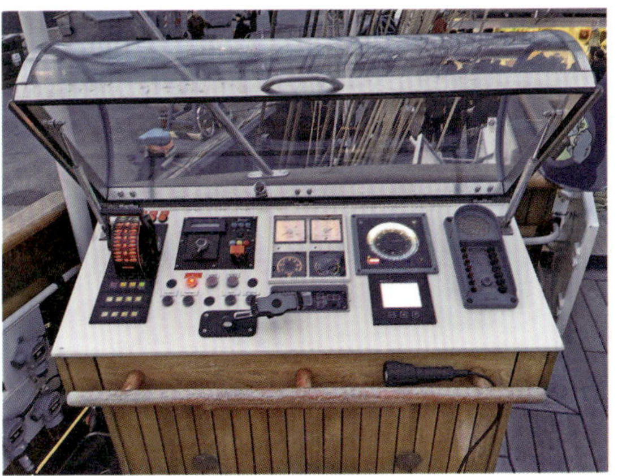

Links:
Moderne Technik: der Backbord-Fahrstand.

Rechts:
Der fahrende Wachoffizier auf der Brücke hält die Segel und auch das Wetter ständig im Blick.

higer See sofort erkannt und als potenzielle Gefahr eingestuft werden, das sei mal dahingestellt. In einem neueren Polit-Thriller des Bestsellerautors Tom Clancy, in dem auch Seefahrt an mehreren Stellen eine Rolle spielt, lautet eine Passage angesichts eines sich nähernden Taifuns „Der Skipper trat durch die Seitentür aus dem Ruderhaus und ging zum Bug. Instrumente waren gut und schön, aber für ihn ging nichts über den direkten Blick auf die Wellen und zum Himmel, um wichtige Informationen zu bekommen.“ Sicherlich mit anderer Zielsetzung formuliert, beschreibt diese Passage dennoch exakt den eben erläuterten Respekt vor den Elementen.

Beherrschen und beherrscht werden

Langer Rede kurzer Sinn: Das Wissen um die Kräfte und auch die Tücken der Elemente ist auf See überlebenswichtiges und daher unverzichtbares Gut. Das hat in erster Linie nicht mit Angst, aber eben mit Respekt gegenüber See und Wetter zu tun. Dieser Respekt lässt sich nirgends besser und nachhaltiger vermitteln als auf einem Segler, der in unmittelbarer Abhängigkeit davon bewegt wird – und genau darum geht es bei der Ausbildung des Offiziersnachwuchses auf dem Segelschulschiff! Die jungen Kadetten und Kadettinnen sollen genau diesen Respekt

Bei Kälte und überkommender Gischt ist der Posten Ausguck auf dem Vorschiff nicht immer ein Vergnügen.

gewinnen – und ihn bewahren, wenn sie später einmal Verantwortung für Schiff und Besatzung tragen sollen.

Dazu gehören auch Entbehrungen wie Schlafmangel durch die Wachroutine auch des nachts, Nässe und Kälte sowie vielfach auch Seekrankheit. Hinzu kommt die Pflicht, sich jeden Tag auf bis dahin ungewohnte Lerninhalte zu konzentrieren. Simulatoren sind an vielen Stellen der Ausbildung hervorragende und kostengünstige Hilfsmittel, aber diese Eindrücke und Erfahrungen lassen sich per Simulator nicht vermitteln.

Segelschulschiffe – alle ziehen an einem Strang!

Der zweite Aspekt, der die Ausbildung an Bord eines Segelschulschiffes begründet, ist das Leben und Arbeiten auf See. Marine- oder Kriegsschiffe sind keine Kreuzfahrtschiffe. Luxuriös ausgestattete und geräumige Einzelkabinen findet man in der grauen Flotte nicht. Untergebracht sind die Besatzungen – von Ausnahmen abgesehen – in Gemeinschaftsunterkünften. Individuelle Rückzugsräume sucht man in der Regel vergeblich, sondern ist tagein und tagaus in Gesellschaft weiterer Besatzungsmitglieder. Das von daheim gewohnte eigene Zimmer, dessen Tür man zumachen konnte, ist passé.
An Bord der Gorch Fock werden die Kadetten in insgesamt sechs größeren Wohnräumen, den sogenannten Kadettendecks untergebracht, je nach Stärke der jeweiligen Crew bis zu 25 in einem Deck. Auf Segelschulschiffen anderer Nationen sind diese Verhältnisse grundsätzlich vergleichbar. Jeder erhält für seine Ausrüstung und Bekleidung einen kleinen Blechspind. Daneben teilen sich immer zwei Kadetten einen etwas größeren Langspind für sperrigere Teile wie etwa Uniformmantel und Wetterschutzbekleidung. Hinsichtlich der Ordnung und der Übersicht lässt sich der Inhalt dieses ausgesprochen karg bemessenen Spindraumes nur mit Disziplin im Griff behalten – was manche der jungen Leute erst einmal lernen müssen.
Geschlafen wird in Hängematten in den Wohndecks. Diese sind tagsüber in einem Raum ein Deck tiefer, dem sogenannte Hängemattenschapp, verstaut. Abends werden sie in einer Gemeinschaftsaktion wieder nach oben geholt und in den Decks aufgespannt, womit sich das tagsüber weitgehend leere Deck in einen Schlafsaal verwandelt. Die Hängematten werden zu mehreren jeweils nebeneinander und hintereinander sowie bei voller Belegung auch in zwei Etagen übereinander aufgespannt. Für letzteres müssen im Deck zunächst stabile Ketten angebracht und verspannt werden, was die Bewegungsfreiheit im Deck durchaus einschränkt. Die Kadetten schlafen sprichwörtlich wie die Ölsardinen in der Büchse. Das Ein- und Aussteigen ist nicht ganz einfach und bedarf gegenseitiger Rücksichtnahme und auch Hilfestellung – was ebenfalls mancher erst einmal verinnerlichen muss.

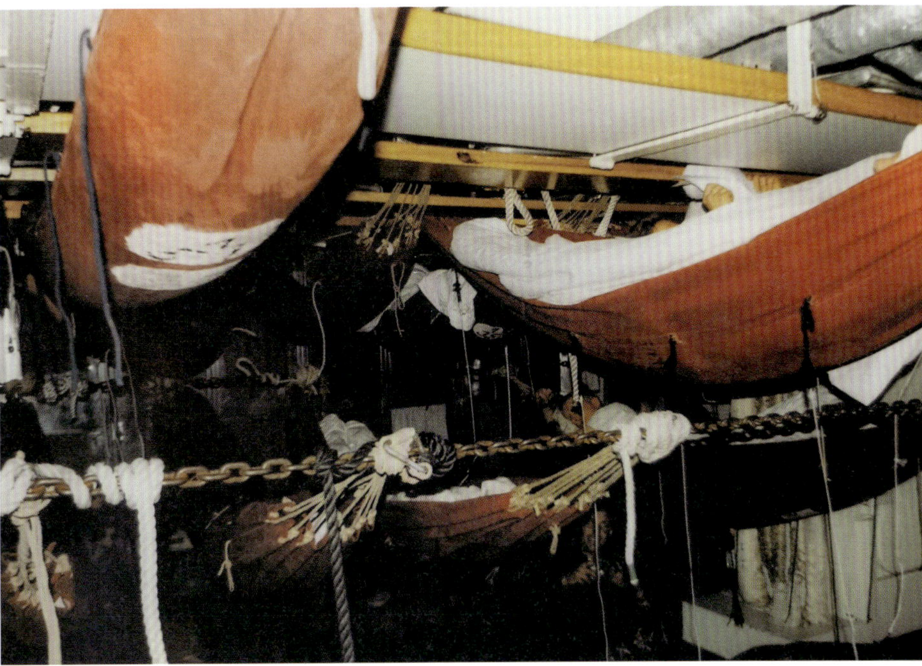

Luxus geht anders – die Kadetten schlafen in Hängematten.

Dauerbelastung Wachroutine

Für den Dienst im Rahmen der Routine auf See werden die jungen Kadetten in sogenannte Wachhälften aufgeteilt. In aller Regel gibt es derer vier, zwei sogenannte Vortopp-Wachen und zwei Großtopp-Wachen, von denen wiederum je eine als Backbord- und eine als Steuerbord-Wache bezeichnet wird. Diese lösen sich in bleibender Reihenfolge rund um die Uhr ab, auch nachts. Eine Wache dauert im Normalfall vier Stunden, wobei deren Reihenfolge durch zwei kürzere Zwei-Stunden-Wachen unterbrochen ist, damit es eine ungerade Zahl an Wachabschnitten gibt und so nicht immer die gleiche Wache die gleiche ungeliebte Nachtwache erwischt. Im Ablauf hat eine Wache drei Nächte hintereinander einen jeweils anderen Wachabschnitt zu absolvieren und kann dann in der vierten Nacht, der sogenannten Bauernnacht, bis zum morgendlichen Wecken durchschlafen, bevor der gleiche Rhythmus von vorne beginnt.

Bei einer zahlenmäßig schwächeren Crew kann es passieren, dass die Zahl der Wachhälften auf drei reduziert werden muss, weil eine gewisse Mindeststärke der Wachhälften unabdingbar ist. In einem solchen Fall ändert sich an der Routine im Grunde nichts, aber für die Wachhälften entfällt die Bauernnacht, da sich der Wachrhythmus bereits nach drei Tagen wiederholt. Generell und unabhängig vom jeweiligen Ablauf der Seeroutine ist ein solcher Tages- und Nachtablauf für die allermeisten der jungen Frauen und Männer völlig ungewohnt und fordert auch seinen Tribut, der sich meist in schwer zu verbergender Müdigkeit und mitunter auch in Gereiztheit widerspiegelt.

Schlechtes – oder im Fachjargon „schweres Wetter“ – sowie gegebenenfalls Seekrankheit verstärken diesen Zustand zusätzlich. Dennoch wird den jungen Leuten abverlangt, sich während des Tagesdienstes auf theoretische und praktische Ausbildungsinhalte zu konzentrieren, bevor wieder die nächste Wachablösung ansteht.

Bei schwerem Wetter und überkommender See gibt es für die Segelwache auch schon mal nasse Füße . . .

... und bei rollendem Schiff erst recht!

Schweißtreibende Arbeit im Rigg und an Deck

Neben diversen reinen Lehrinhalten besteht die Hauptaufgabe für die Kadetten an Bord darin, die Segel zu bedienen. Dazu werden sie, wie bereits erwähnt, in Wachhälften eingeteilt, erhalten aber daneben auch eine individuelle Station in der Takelage, beispielsweise auf einer der Rahen im Fock- beziehungsweise Großmast. Um auf diese Arbeitsstation im Rahmen des Los- oder Festmachens der Segel zu gelangen, muss in die Takelage geklettert – in der Fachsprache „aufgeentert" – werden, im Falle der beiden obersten Rahen bis in eine Höhe von etwa 42 Metern über der Wasseroberfläche. Da sowohl die Wanten, quasi Strickleitern, als auch die sogenannten Fußpferde, auf denen sich horizontal auf den Rahen bewegt wird, aus Leinen bestehen und in sich entsprechend beweglich sind, stellt dies für viele eine echte Überwindung dar, zumindest im allerersten Moment.

Die obersten Rahen heißen Royalrahen, 42 Meter über der Wasserlinie.

Die gesamte Bedienung der Segel geschieht generell auf dem Oberdeck von den sogenannten Nagelbänken aus, die sich über das gesamte Schiff verteilen. An ihnen sind die aus der Takelage kommenden Bedienleinen befestigt. Hier ist der meiste körperliche Kraftaufwand erforderlich, der auch ganz bewusst händisch und ohne maschinelle Hilfsmittel zu erbringen ist – das Segelschulschiff ist entsprechend spartanisch und ohne jegliche „Heinzelmännchen" ausgerüstet.

Warum, könnte man fragen, macht man es sich hier bewusst schwer? An dieser Stelle schließt sich im Grunde der Kreis zu dem eingangs erwähnten Respekt vor den Elementen, den es zu vermitteln gilt. Je nach Wetter und vor allem Windstärke steigert sich der erforderliche

Bilder links unten: Aufentern über Strickleitern, die Wanten.

Auf der Rah stehen die Seeleute auf ummantelten Drahtseilen, den „Fußpferden".

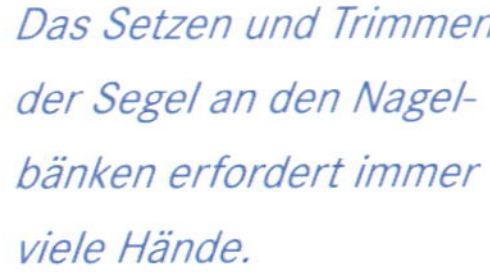

Das Setzen und Trimmen der Segel an den Nagelbänken erfordert immer viele Hände.

Das Steifsetzen der Brassen ist bei starkem Wind eine große Kraftanstrengung für viele Hände gleichzeitig . . .

Kraftaufwand zur Bedienung der Segel. Muss beispielsweise umgebrasst werden, die Rahen rund um den Mast auf die andere Seite gedreht werden, erfordert das eine Gesamtzahl von rund 50 Paar Händen, die richtig zupacken müssen – pro Mast. Damit ist es aber nicht getan, wenn es nicht gelingt, diese zupackenden Hände so zu koordinieren, dass sie ihre Kraft gleichzeitig freisetzen und damit potenzieren.

Der bekannte Spruch „alle ziehen an einem Strang" kommt letztlich aus der Segelschifffahrt. Herauskommen soll die Erkenntnis, dass nur die organisierte Gemeinschaftsleistung etwas bewegt und zum Ziel führt. Der Einzelne kann hier nichts werden, auch wenn er vielleicht lieber Individualist ist. Am Ende sitzen alle im wahrsten Sinne des Wortes „im selben Boot", müssen dieses gemeinsam sicher ans Ziel bringen und sich dabei in allen Lagen gegenseitig aufeinander verlassen können. Mitte der 80er-Jahre hat der damalige Erste Offizier der Gorch Fock diesen Prozess kurz und prägnant mit den Worten „vom Greifen zum Begreifen" beschrieben.

Unter dem Strich entstehen insbesondere zu Beginn der Zeit an Bord des Segelschulschiffes eine Menge Reibungsverluste und auch kleinere Konflikte, die aber bewusster Teil des gesamten

... und das Dichtholen der Schoten gleichermaßen . . .

... und bei schwerem Wetter erst recht!

Ausbildungsgeschehens sind und sich in aller Regel von selbst und ohne äußeres Zutun der Vorgesetzten wieder regulieren. Das Ganze ist ein gezielter Lernprozess, der viel mit Charakterbildung, dem Erkennen der eigenen Grenzen sowie der Überwindung eigener Ängste und Vorbehalte, und last but not least mit der Verinnerlichung des Teamgedankens zu tun hat.

Segelschulschiffe – althergebracht und doch modern!

Was bleibt, ist die Tatsache, dass Segelschulschiffe bei weitem nicht überall als „verzichtbarer Anachronismus" bewertet werden. Unter dem Strich ist das seemännische Grundpraktikum auf dem Segelschulschiff für die jungen Kadetten tatsächlich nicht viel mehr als der eingangs erwähnte Schnupperkurs, der Teil ihrer Grundausbildung ist. Alle Erfahrung lehrt aber, dass sie am Ende mit wichtigen und nachhaltigen Eindrücken und Erfahrungen wieder von Bord gehen. Grundsätzlich besteht für jede junge Frau und jeden jungen Mann aus der Crew innerhalb einer bestimmten Frist die Möglichkeit, die Ausbildung ohne Nachteile wieder zu beenden, wenn der Wunsch, Marineoffizier zu werden, doch nicht als die richtige Berufswahl erkannt wurde. Davon wird im einen oder anderen Fall auch Gebrauch gemacht, begründet durch die Zeit auf dem Segelschulschiff aber – allen erlebten Widrigkeiten zum Trotz – äußerst selten. Die verantwortungsvolle und sichere Führung eines Schiffes auf Hoher See erfordert gute Seemannschaft. Gute Seemannschaft ist ein Handwerk, das gelernt werden will. Mit fortschreitender Technik und vor allem der schnell zunehmenden Digitalisierung geht überall und immer die Gefahr der Entfremdung vom Handwerk einher, auch in der Seefahrt. Auch dort halten technischer Fortschritt und Digitalisierung immer mehr Einzug. Das ist gut und richtig – ändert aber nichts an der absoluten Notwendigkeit guter Seemannschaft und eines angemessenen Respekts im Umgang mit den Kräften und Gewalten der Elemente. Vielleicht ist das der Moment, in dem sich manche auf das althergebrachte Segelschulschiff rückbesinnen und es in jüngerer Vergangenheit wieder mehr und auch neue Schiffe gibt. Die Deutsche Marine hat nie nachgelassen, an den Wert dieser Ausbildungsplattform zu glauben und hat die Gorch Fock – allen kritischen Unkenrufen zum Trotz – in Dienst gehalten.

Die Gorch Fock ist nicht nur Segelschulschiff – als „Botschafterin in Weiß" fällt ihr auf internationalem Parkett auch die gewichtige Rolle einer Repräsentantin der Bundesrepublik Deutschland zu.

Impressio

Impressionen: An Deck und hinter den Kulissen

Zweifellos: Vieles an Deck des Dreimasters ist moderner geworden seit der Indienststellung 1958. Doch an den Grundfunktionen hinsichtlich der Navigation sowie des Segel- und Wachbetriebs hat sich kaum etwas verändert. Ein fotografischer Rundgang über die Teakholzplanken führt vom Backdeck auf die Achterback, über zwei Niedergänge an Backbord und Steuerbord auf das Mitteldeck und dann nach achtern auf das sogenannte Hüttendeck.

Besteht eine Landverbindung, üblicherweise wenn die GORCH FOCK vor Anker oder im Hafen liegt, dann wird an der Spitze des Bugspriets die Gösch und am Heck die Bundesdienstflagge der Seestreitkräfte der Bundesrepublik Deutschland gesetzt. In Fahrt hingegen hisst der Signalmaat die etwas kleinere Seeflagge am Besan unterhalb der oberen Gaffel.

Im Seebetrieb ist der Ausguck vorne auf der Back rund um die Uhr besetzt. Von hier aus gibt es den besten Blick in die vorderen Quadranten, können Dinge in Fahrtrichtung voraus schneller entdeckt werden als von der Brücke aus. Bei Dunkelheit ist es außerdem die Aufgabe des Ausgucks, alle 30 Minuten die Funktion der Lichterführung zu kontrollieren. Ist alles in Ordnung, muss er anschließend seine Meldung mit der Flüstertüte aussingen: „Auf der Back ist alles wohl, die Laternen brennen", so der Wortlaut.

Außergewöhnliche Perspektive: Blick vom Klüverbaum aus auf das Backdeck.

2,5 Tonnen wiegt der Anker. Hinzu kommen weitere 2,3 Tonnen pro ausgebrachter Kettenlänge von je 25 Metern, was für zusätzlichen Halt auf dem Meeresboden sorgt. Wassertiefe x 5, so lautet die seemännische Faustformel für die auszubringende Kettenlänge. Übrigens: Der Rost unterhalb der Ankerklüse hat nicht die Bordwand angenagt. Vielmehr handelt es sich um oberflächliche Korrosion von der Kette, die sich beim Ankerwerfen gelöst hat.

Beim Aufholen des Ankers werden Schmutzrückstände und Schlamm mit hohem Wasserdruck aus den Kettengliedern gespült, um den Kettenkasten sauber zu halten. Mit der Glocke auf der Back wird während des Ankermanövers akustisch an die Brücke signalisiert, wieviel Kettenlängen ausgebracht sind.

Der Backbordanker wird ausgebracht – nach dem Fallenlassen schrittweise nachgesteckt mit Kettenlängen von je 25 Metern. Gesteuert wird dieses Manöver vom Decksmeister an der Kettenbremse.

Der nach dem Ankern aufgesetzte Kettenstopper verhindert permanente mechanische Belastungen an Kettenbremse und Spill.

Teil der Kadettenausbildung ist das Aufholen des Ankers mittels purer Muskelkraft, doch lässt sich das Ankerspill auch durch einen leistungsstarken Elektromotor in Rotation versetzen.

Als optischer Hinweis für die Schifffahrt werden Ankerball und -laterne nach dem Werfen des Ankers im Fockmast gesetzt.

Beim Passieren von Laboe am Ausgang der Kieler Förde ist es auf allen schwimmenden Einheiten der Deutschen Marine eine gepflegte Tradition: Liegt das Marine-Ehrenmal querab, wird Front gepfiffen, hier auslaufend nach Steuerbord, und die Seeflagge gedippt.

Ein fast gespenstisch anmutendes Szenario steuerbords auf der Achterback: Mit dem Suchscheinwerfer wird Ausschau nach einer im Wasser treibenden Person gehalten.

Die beiden Feuertürme an Backbord und Steuerbord sind schmucker traditionsbehafteter Zierrat, in ihrer Funktion längst durch die elektrischen Positionslampen ersetzt. Sie sind von unten begehbar und könnten jederzeit, beispielsweise durch eine Gaslampe, in Betrieb versetzt werden.

Rechts oben:
In den stabilen Holzboxen auf der Achterback sind die automatischen, bei Wasserkontakt selbstauslösenden Rettungswesten der Besatzungsmitglieder verstaut. Regelmäßig werden sie geprüft und gewartet.

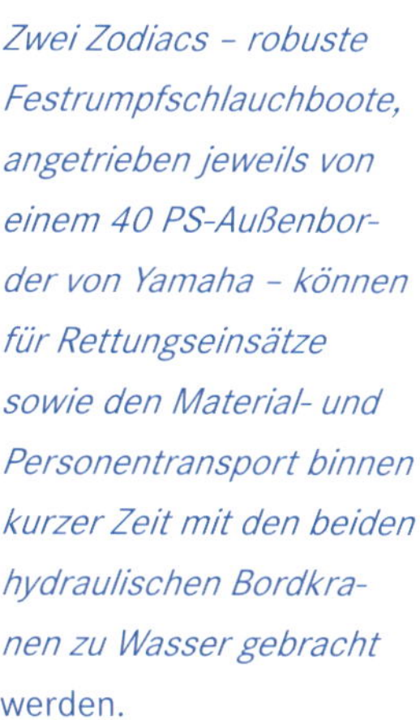

Zwei Zodiacs – robuste Festrumpfschlauchboote, angetrieben jeweils von einem 40 PS-Außenborder von Yamaha – können für Rettungseinsätze sowie den Material- und Personentransport binnen kurzer Zeit mit den beiden hydraulischen Bordkranen zu Wasser gebracht werden.

Rechts unten:
Unterhalb des Backbord-Niedergangs befindet sich die Last für das Equipment der zur Stammbesatzung gehörenden Tauchergruppe …

... während ein Stauraum auf der Steuerbordseite auf engstem Raum vier Waschmaschinen ...

... und ein weiterer den Kompressor zur Befüllung der Pressluftatemflaschen beinhaltet.

Auf dem Mitteldeck treten Stammbesatzung und Kadetten täglich zur Musterung an, hier zu einer Beförderung durch den Kommandanten.

Allemannsmanöver: Über die Stelling und das Mitteldeck wird Proviant von Hand zu Hand bis hinab in die Lasten im Plattformdeck gereicht und dort verstaut.

Rechts oben:
Im Hafen gibt das An- und Abwesenheitsbord Auskunft darüber, welche Soldaten der Stammbesatzung momentan an Bord sind.

Rund um die Uhr besetzt ist der Wachstand auf der Backbord-Hinterkante des Mitteldecks, der gleichzeitig als Telefonzentrale des Schulschiffes fungiert.

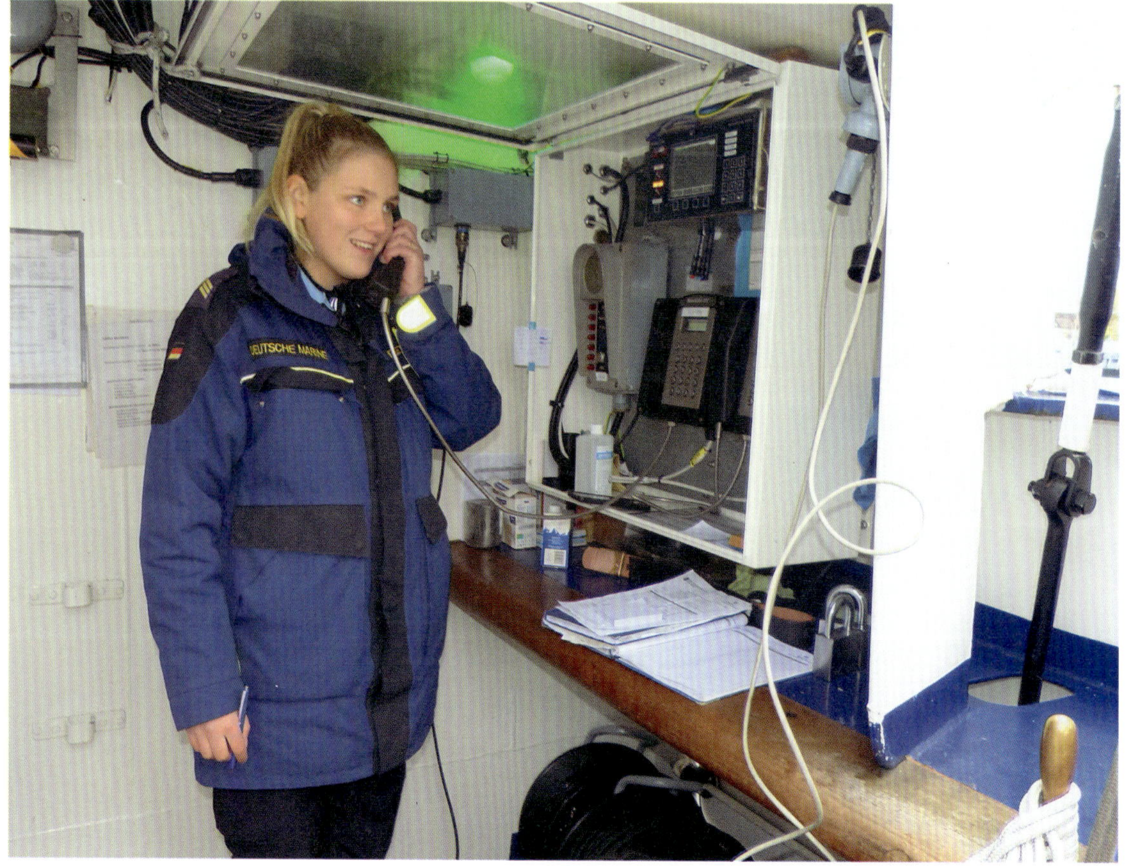

Gottesdienst unter der Schiffsglocke mit dem evangelischen Militärpfarrer der Marineschule Mürwik Ernst Raunig.

Teile der Besatzung angetreten vor dem Großmast zur nächtlichen Segelvorausbildung am Liegeplatz im Marinestützpunkt Kiel.

Landanschluss zur konstanten Stromversorgung der Bordelektrik während des Hafenaufenthalts.

Rechts oben:
Frühmorgens: Das Hüttendeck mit dem Steuerstand, dahinter der Besanmast und das Kartenhaus.

Die beiden offenen Außenfahrstände in den Brückennocken an der Vorderkante des Hüttendecks sind durch die gegebene Rundumsicht optimal zur Schiffsführung bei Manövern im Hafen ...

… sowie bei eingeschränkter Sicht nachts oder bei Schietwetter geeignet. Der fahrende Wachoffizier verfügt hier über alle notwendigen Informationen und Daten.

Die drei Steuerräder gehören zur Erstausrüstung der Gorch Fock. Vier Soldaten fungieren als Rudergänger, bei schwerer See sind es sogar sechs.

Auch die Kompasssäule mit dem Magnetkompass darin ist seit der Indienststellung an Bord, wird heute kaum genutzt, wird aber als Redundanz zur Sicherheit immer an Bord bleiben. Bis zur Generalüberholung ab 2015 gab es eine zweite baugleiche Kompasssäule vor dem Steuerstand, die einem Lüfter weichen musste. Sie befindet sich inzwischen, zur Kanzel umgebaut, in der Kapelle der Marineschule Mürwik.

Der charismatische Maschinentelegraf, die elektrische Kreiselkompasstochter mit Ruderlageanzeiger in wasserdichtem Gehäuse, im Hintergrund – an der Hinterkante des Schornsteins – der analoge Krängungsmesser.

Store mit den verschiedenen Signalflaggen an der Steuerbordseite des Kartenhauses.

Rechts unten: Navigation nach alter Väter Sitte mit der kardanisch aufgehängten Kompasstochter und dem aufgesetzten Peildiopter. Der Soldat peilt eine Landmarke oder ein Seezeichen damit an und liest die Gradzahl auf der darunter befindlichen Kompasstochter ab, um mit Hilfe einer weiteren Peilung die aktuelle Position des Schiffes zu bestimmen.

Der Notruderstand achtern auf dem Hüttendeck, wegen seiner Optik als Klavier bezeichnet, ist die Rückfallebene für den Fall eines Versagens der Steuerung des Hauptruders. Davor platziert ist das Spill für das Handling der achteren Festmacherleinen.

Ebenso wie der Kamerad auf dem Vorschiff, steht auch ein Ausguck hinten am Flaggenstock rund um die Wache, sobald der Großsegler abgelegt hat. Er beobachtet den Quadranten achteraus, wobei seine Hauptaufgabe darin besteht, eine eventuell über Bord gefallene Person zu erkennen, sofort Rettungsmittel auszubringen und gleichzeitig die Brückenwache zu alarmieren.

Kompasstochter für das Notruder, vor dem Flaggenstock das hinterste Bauteil auf der Gorch Fock.

Niobe

Niobe - Tragödie in der Ostsee

Der 26. Juli 1932, ein heißer Sommertag, wurde zum Datum einer nationalen Katastrophe. Das Segelschulschiff „Niobe“ der Reichsmarine kenterte und sank in der Ostsee. 69 Seeleute verloren ihr Leben. Ein Unglück, das letztendlich die bis heute anhaltende GORCH FOCK-Ära einleitete.

In den Jahren nach dem Ende des Ersten Weltkrieges – am 1. Januar 1921 war die Kaiserliche Marine in Reichsmarine umbenannt worden – waren die deutschen Seestreitkräfte entsprechend den Bestimmungen des Versailler Vertrags in ihrer Größe und Kampfkraft sehr stark reduziert. Trotzdem benötigte die Flotte natürlich seemännischen Nachwuchs. Für dessen Ausbildung setzte die Inspektion des Bildungswesens der Marine ab dem Frühjahr 1921 den Viermastgaffelschoner „Niobe“ ein. Erster Kommandant war kein geringerer als Felix Graf von Luckner.

Das Segelschulschiff „Niobe“ war der Stolz und das Aushängeschild der Reichsmarine.

Die „Niobe" vor ihrem Umbau, getakelt als Viermastgaffelschoner.

Gebaut hatte das Stahlrumpf-Schiff 1913 die dänische Werft Frederikshavn Værft & Flydedok A/S. Ursprünglich auf den Namen „Morten Jensen" getauft, war der Frachtsegler ab 1916 für eine norwegische Reederei als „Tyholm" in Fahrt. Im selben Jahr wurde sie von dem U-Boot UB 41 der Kaiserlichen Marine als Prise aufgebracht und fuhr fortan unter deutscher Flagge. Anschließend fand der Viermaster mit Schonertaklung als Hilfsfeuerschiff „Aldebaran" Verwendung, bevor er von der Reichsmarine übernommen und – in Erinnerung an das Segelschulschiff der Preußischen Marine – auf den Namen „Niobe" umgetauft wurde.

Vom Frachtsegler zum Segelschulschiff

Nur kurz war das Schiff in Fahrt, wurde zwischenzeitlich als segelnder Darsteller für eine Filmproduktion verchartert. Am 6. Februar 1922 machte die „Niobe" für umfangreiche Umbauarbeiten in der Marinewerft Wilhelmshaven fest. Hier wurde es zu einer Jackass-Bark umgetakelt – einem Dreimaster mit Fock-, Mars- und doppeltem Bramsegel am Fockmast. Am Großmast befanden sich ein Gaffel-, ein Mars- und ein doppeltes Bramsegel – am Besanmast ein Gaffel- und ein Gaffeltopsegel. Zwei Stagsegel konnten zwischen Groß- und Besanmast gesetzt werden, vor dem Fockmast weitere drei Vorsegel. Der 160 PS starke Bolinder-Hilfsmotor wurde durch einen 240 PS starken Diesel ersetzt, der bei Flaute oder Manövern im engen Fahrwasser zum Einsatz kam. In den Laderäumen entstanden Schulungsräume und die Besatzungsunterkünfte.

Nach Abschluss aller Arbeiten stellte die Reichsmarine die „Niobe" am 30. April 1923 erneut in Dienst. Sieben Monate später erfolgte die Klassifizierung als Kriegsschiff. Statt der Reichsdienstflagge führte der Dreimaster nun die Reichskriegsflagge. An Bord gab es Kapazitäten für 34 Mann der Stammbesatzung sowie 65 Schüler – Offizier- und Unteroffizieranwärter. Pro Jahr fanden vier mehrmonatige Lehrgänge statt. Die Trainingsreisen führten in die Nord- und Ostsee, aber auch in den Atlantik bis ins Seegebiet Spaniens.

Tödliche Tragödie im Fehmarnbelt

Unter dem Kommando von Kapitänleutnant Heinrich Ruhfus legte die „Niobe" am 25. Juli 1932 von Kiel auslaufend einen südöstlichen Kurs an. Die Besatzung umfasste 107 Mann, bestehend aus Stammcrew, Ausbildern sowie 74 Kadetten. Eine mehrtägige Ostseereise stand auf dem Trainingsplan. Nachts ankerte der Dreimaster vor der Insel Fehmarn, am nächsten Tag wollte der Kommandant mit Warnemünde den ersten Zielhafen ansteuern. Um 9.30 Uhr wurde seeklar gemeldet und der Anker gelichtet. Bei klarem Himmel und einer leichten Brise der Stärke zwei

bis drei segelte die „Niobe" unter Vollzeug in den Fehmarnbelt. Es kam zu einer Begegnung mit dem riesigen Flugboot Do X, das sich auf einer Werbereise befand. Tausende Menschen beobachteten das Ereignis von der Küste Fehmarns aus.

Die Wetterprognose sagte auffrischende Winde aus Südwest und teils heftige Böen voraus. Kein Grund zur Beunruhigung. Am frühen Nachmittag türmten sich dunkle Gewitterwolken über der Insel auf und Kapitänleutnant Heinrich Ruhfus gab den Befehl, die Obersegel zu bergen. Regen setzte ein. Gegen 14.15 Uhr wurde wetterfestes Ölzeug an die diensthabende Wache ausgegeben. Die Backbordwache befand sich zu diesem Zeitpunkt zum Unterricht unter Deck.

Niemand von der Besatzung machte sich ernsthaft Sorgen, als sich eine Seemeile östlich des Fehmarnbelt-Feuerschiffes - exakt auf Position 54° 35,7‘ Nord und 11° 11,2‘ Ost - aus heiterem Himmel die Katastrophe ereignete.

Eine nicht vorhersehbare, ausgesprochen heftige Fallbö erfasste die „Niobe" um 14.27 Uhr und ließ sie auf ihre Backbordseite krängen. Augenblicklich setzte die Ruderwirkung aus. Der Erste Offizier befahl anzuluven. Vergebens, das manövrierunfähige Schiff reagierte nicht mehr. Immer stärker wurde der Druck auf die Takelage und binnen einer halben Minute war die Bark vollends gekentert. Alles passierte so schnell, dass nicht einmal der Verschlusszustand hatte hergestellt werden können. Ostseewasser drang schnell und unaufhaltsam durch die teilweise geöffneten Bullaugen, durch Luken und Niedergänge in das Innere des Schiffsrumpfes ein.

Dramatischer Zeitzeugenbericht

Bootsmann Kurt Birr war einer der Überlebenden und schilderte später das dramatische Szenario:

Die „Niobe" hat vor der Marineschule Mürwik in der Flensburger Förde festgemacht, links im Bild das Kadettenschulschiff „Schlesien".

„... da fegt es plötzlich mit Gedankenschnelle heran, es heult und braust in der Takelage, mit rasender Schnelligkeit legt sich das Schiff auf seine Backbordseite. Als ob es von Titanenfaust in wütender Willkür heruntergedrückt würde ... Ich habe die Geistesgegenwart, mir blitzschnell sämtliches Zeug vom Leib zu reißen. Jetzt hastet alles nach vorn, denn das Schiff beginnt achtern abzusacken. Ein Drängen, Stoßen, ein Hasten ist es. Dann sackt mir das Schiff unter den Füßen weg. Ich werde unter Wasser gerissen, komme wieder hoch, ringe nach Luft, höre Schreie, die einem stets in den Ohren nachklingen werden, sehe mich um und wundere mich, dass es nur noch so wenige sind, die da im Wasser treiben - und plötzlich bin ich ganz ruhig."

Unter Vollzeug während einer Ausbildungsreise in der Ostsee.

In einem gemeinsamen Kraftakt zogen die beiden Bergungsschlepper „Kraft“ und „Wille“ das Wrack auf eine Sandbank in der Heikendorfer Bucht.

Der Untergang der „Niobe“ war unwiderruflich besiegelt – wie ein Spielzeug kippte das Segelschulschiff um und ging binnen drei Minuten auf Tiefe. Es gelang nicht, Rettungsboote zu Wasser zu bringen. Wer konnte, der sprang in die Ostsee und klammerte sich an aufschwimmendes Treibgut oder hatte zuvor noch eine Rettungsweste ergattern können. Die Kadetten im Unterrichtsraum unter Deck hatten keine Chance, dem Inferno zu entgehen. Alle kamen um. Nur sechs Männern gelang es, sich in letzter Sekunde aus dem sinkenden Rumpf an die Wasseroberfläche zu retten.

Juristisches Nachspiel

Den Untergang beobachteten die Besatzungen des Hamburger Dampfers „Theresia L. M. Ruß“ und des Feuerschiffes „Fehmarnbelt“. Beide Schiffe entsandten sofort Rettungsboote zum Unfallort. Später stießen mehrere Schnellboote sowie die Kreuzer „Köln“ und „Königsberg“ der Reichsmarine hinzu. 40 Besatzungsmitglieder entriss dieser Rettungsverband dem Fehmarnbelt. 69 Seeleute verloren ihr Leben – drei Seeoffiziere, der Schiffsarzt, der Zahlmeister, acht Unteroffiziere, 36 Offizieranwärter, 10 Unteroffizieranwärter, neun Matrosen und der Koch.

Trümmerteile, Tauwerk und Reste des Riggs verteilten sich überall an Deck der „Niobe“.

Unter den Überlebenden befand sich auch Kapitänleutnant Heinrich Ruhfus. Er musste sich wenige Monate später vor dem Kriegsgericht in Kiel verantworten. Man warf ihm vor, die prekäre meteorologische Konstellation nicht korrekt bewertet zu haben. Er habe nicht ausreichend Druck aus den Segeln genommen, formulierte die Anklage, außerdem Bullaugen und Niedergänge nicht schließen lassen. Am 3. November 1932 sprach ihn der Richter jedoch von jeglicher Schuld am Untergang der „Niobe“ frei: „Schiff, Kapitän und Besatzung wurden ein Opfer höherer Gewalt“.

Später kamen Experten zu der Erkenntnis, dass die „Niobe“ nach dem Umbau 1922/23 zur Jackass-Bark übertakelt war. Das neue Rigg brachte lediglich ein geringes Plus an Segelfläche, griff hingegen massiv in die Stabilität des Schiffes ein. Unter Vollzeug wies der Dreimaster eine Kopflastigkeit auf. Vor allem aber war der Segeldruckpunkt nun zu hoch. Im Zusammenspiel mit der Hebelwirkung auf den Lateraldruckpunkt am Kiel wuchs damit das Kenterrisiko erheblich. Vier Tage nach der Havarie, am 30. Juli 1932,

wurde das Wrack der „Niobe" vom Hebefahrzeug „Hiev" der beauftragten Bugsier-, Reederei- und Bergungs-AG Hamburg aus 27 Metern Tiefe geborgen. Dazu sprengte die Bergungsmannschaft zuvor die Masten ab und schleppte den Rumpf – an Stahltrossen unterhalb der „Hiev" hängend – knapp über dem Grund der Ostsee bis in die Heikendorfer Bucht am Ostufer der Kieler Förde. Dort übernahmen nach zweiwöchiger Schleppreise die Bergungsschlepper „Kraft" und „Wille" das Wrack. Sie zogen es in einem mehrtägigen Kraftakt aus dem weichen Schlickgrund auf die Sandbank Knüll und richteten es auf. Die sterblichen Überreste von 50 Marinesoldaten befanden sich im Rumpf der „Niobe". 33 setzte man auf dem Nordfriedhof in Kiel bei, 17 wurden in ihre Heimatorte überführt.

Versenkt, nicht vergessen

Nach Wiederherstellung der Schwimmfähigkeit überführte der Schlepper „Simson" den Havaristen für weitere Untersuchung ins Marinearsenal Kiel. Am 18. September 1932 wurde das einst so majestätische Segelschulschiff an der Küste Hinterpommerns in Höhe der Stolper Bank um 10 Uhr im Beisein der gesamten Flotte durch einen gezielten Torpedoschuss des Torpedobootes „Jaguar" versenkt. Die zerstörten Reste liegen auf der Position 55° 14' Nord und 17° 21' Ost in einer Tiefe von 80 Metern.

In Sichtweite des Unfallorts errichtete man am 15. Oktober 1933 in Gammersdorf auf Fehmarn ein Ehrenmal. Ein Mast mit einer originalen Rah sowie ein Gedenkstein erinnern an den tragischen Untergang der „Niobe". Die Galionsfigur des Segelschulschiffes ist in der Marineschule Mürwik in Flensburg ausgestellt. Und in der Christus- und Garnisonskirche Wilhelmshaven halten ein Rahsegel und ein Rettungsring das Gedenken an die Opfer lebendig.

Am 18. September 1933 versenkte das Torpedoboot „Jaguar" das Wrack der „Niobe" mit einem einzelnen Torpedo.

Links: Acht Kilometer vom Ort des Untergangs entfernt, am nördlichen Strand der Insel Fehmarn, steht das „Niobe"-Ehrenmal mit einem Mast, einem Gedenkstein und einer Bronzetafel.

Rechts: Relikt: Die Galionsfigur der „Niobe" befindet sich in den Räumen der Marineschule Mürwik.

Impressi

Impressionen: Auf Inspektionsrunde unter Deck

Nach fast sechs Jahren in der Werft, bei der die ganze Bark auf links gedreht wurde und am Ende weniger als zehn Prozent der ursprünglichen Bausubstanz übrigblieben, erstrahlt die GORCH FOCK in optisch kaum veränderter Pracht, befindet sich aber technisch in allen Bereichen auf dem modernsten Stand der Technik. Bei dem nun folgenden fotografischen Rundgang unter Deck gibt es durchaus detailversessene Einblicke in Bereiche des Schiffes, die üblicherweise den Besatzungsmitgliedern vorbehalten bleiben.

Im Kartenhaus auf der Brücke entsprechen sämtliche Navigations- und Kommunikationssysteme dem neuesten Stand der Technik, der charakteristische Charme blieb indes erhalten.

Arbeitsplatz für Navigation und Meteorologie im achterlichen Brückenbereich.

Mülllast ganz vorne im Schiff. Das Besondere an dieser unspektakulär wirkenden Aufnahme: Linkerhand innerhalb der Metallverkleidung befindet sich das untere Ende des Bugspriets, die Verrohrung rechts wird von der Steuerbord-Ankerkette durchlaufen.

Lifebelts zur Sicherung der Soldaten bei den Arbeiten in der Takelage – gestaut in einem der zahlreichen Stores im Vorschiff.

Sanitärbereich im Vorschiff für den männlichen Teil der eingeschifften Kadetten.

Messe für die Portepee-Unteroffiziere, die Meisterebene, im Zwischendeck des Achterschiffes.

Unteroffiziermesse im Zwischendeck des Vorschiffes.

Messe der Stammmannschaften, ebenfalls im vorderen Zwischendeck gelegen.

Platzsparend eingerichtet, dabei personell ganz offensichtlich hochmotiviert geführt: Die Kantine im Vorschiff.

Tief im Schiffsbauch: Neben der Kühllast wird die Zubereitung der Speisen vorbereitet.

Kardanisch aufgehängte Pfanne, damit auch bei Schräglage des Schiffes unter Segeln dennoch für Dutzende hungriger Seeleute Schnitzel, Steaks oder Frikadellen gleichzeitig gebraten werden können.

Fastfood hat auf der GORCH FOCK keine Chance …

… gekocht wird in der Kombüse auf höchstmöglichem Niveau.

Das Backen und Banken läuft für die Kadetten an der Essensausgabe nach dem Büfettsystem ab

Der Backbord-Mehrzweckraum im Zwischendeck, Aufenthalts- und Essraum der Kadetten …

… wird außerdem als Raum für den theoretischen Unterricht genutzt, hier der gespiegelte Raum auf der Steuerbordseite.

Zur Pflicht des Backschafters gehört nach seemännischer Tradition das gewissenhafte Spülen des Geschirrs.

Einer der insgesamt sechs Schlafräume der Kadetten, mit gespannten Ketten zur Aufnahme der Hängematten …

… und bei der Einweisung zum Umgang mit den Hängematten.

Holzwerkstatt für die Tischler- und Zimmermannsarbeiten – auf einem Großsegler unverzichtbar, ganz unten im Plattformdeck gelegen.

In der Segellast im Plattformdeck werden defekte Tücher repariert oder nachgebessert sowie Reservesegel gelagert.

Wem trotz der harten Arbeit an Bord noch der Sinn nach körperlicher Ertüchtigung steht – Fitness kann auf engsten Raum trainiert werden.

Eine leistungsfähige Nähmaschine auf Industriestandard gehört zur Grundausstattung in der Segelwerkstatt. In den Racks im Hinterfrund sind die Reservesegel gut zu erkennen.

Ausrüstungsgegenstände und Verbrauchsgüter sind in den Stores unmittelbar neben der digitalen Schiffstechnik gestaut.

Eng und bedingt gemütlich: Zweibettkammer für Offiziere im Achterschiff.

Nach wie vor unverzichtbar sind mehrere Schreibstuben im Schiff, hier die Wachtmeisterei für die gesamte administrative Personalführung der Besatzung, sowie für alle Belange der täglichen Bordroutine.

Hauptantrieb: Deutz-MWM mit sechs Zylindern in Reihenanordnung und einer Leistung von 1660 PS.

Rechts: Maschinensteuerstand

Über die Antriebswelle wird die Kraft vom Ausgang des Renk-Getriebes zum Verstell-Propeller übertragen.

Schaltschränke zur Steuerung der Bordelektrik.

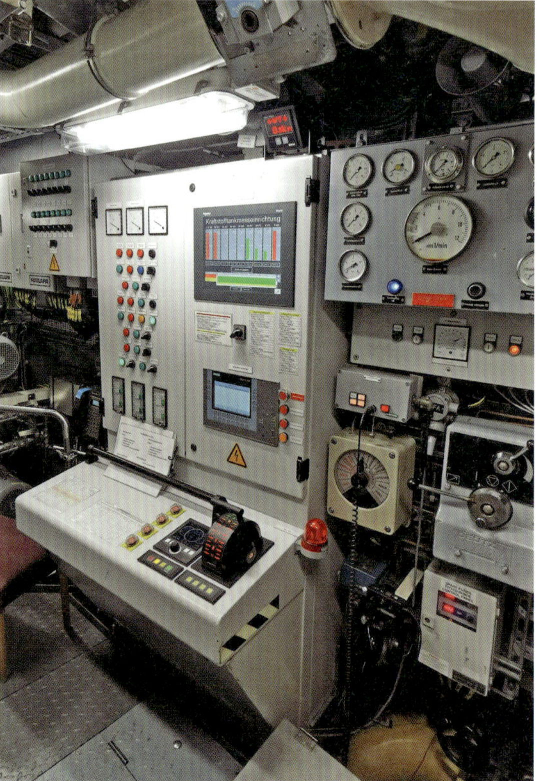

In der Offiziermesse finden täglich die Dienstbesprechungen und Briefings statt …

Mitte links:
… sie ist auch Speise- und Wohnraum für die Schiffsführung.

Rechts:
Der Salon, ebenfalls ganz achtern. Dieser Galaraum wird in der Hauptsache für den Empfang hochrangiger Besucher genutzt. Die Gorch Fock ist eine Dienststelle der Bundeswehr auf Bataillonsebene und hat daher eine eigene Truppenfahne, die ebenfalls hier aufbewahrt wird.

Links unten:
Das Büro des Kommandanten ganz achtern im Schiff.

Stamm

Stammbaum: Die erste „Gorch Fock“ und ihre vier Schwestern

Was landläufig wenig bekannt ist: Das Segelschulschiff der Deutschen Marine hat vier – im Grunde sogar fünf – nahezu baugleiche Schwestern, von denen die älteste ebenfalls den Namen „Gorch Fock“ trägt. Hier ein intensiver Blick auf die Ahnengalerie und die historischen Ereignisse.

Beim Untergang der „Niobe“ kamen ein großer Teil des Offizier- und Unteroffiziernachwuchses der Marinecrew 1932 ums Leben. Neben der menschlichen Tragödie resultierte daraus ein erhebliches personelles Problem für die Reichsmarine. Ein großer Teil des eingeplanten Führungsnachwuchses fehlte und die Ausbildungskapazität des einzigen Segelschulschiffes war mit einem Schlag dahin. Angesichts des zu erwartenden längeren Zeitraums, bis Ersatz für die „Niobe“ zur Verfügung stand, musste die in der Marineschule Mürwik beheimatete Inspektion des Bildungswesens schnell handeln.

„Five Sisters Race 1976“ heißt der Titel dieses Gemäldes von Marinemaler Olaf Rahardt, das die gesamte „Gorch Fock“-Familie während einer Regatta im Atlantik von Hamilton, Bermuda-Inseln, nach Newport, Rhode Island, USA abbildet. Das in Gouache gemalte Werk befindet sich in der Offiziermesse des Segelschulschiffes der Deutschen Marine.

Segelyacht „Asta", der erste provisorische Ersatz für die gesunkene „Niobe".

Rechts oben: Niobe-Gedenkmedaille in der seltenen Goldprägung.

Kurzerhand wurde der Segelschonerverband der Reichsmarine ins Leben gerufen – zwar kein vollwertiger Ersatz für die bisherige praktische Ausbildung, jedoch eine adäquate Übergangslösung. Als erste Einheit stieß die Segelyacht „Asta" zu diesem Provisorium, es folgten die beiden Schoner „Gud Win" und „Orion" sowie die Yachten „Edith" und „Jutta".

Seitens der Reichsmarine wurde der zügige Neubau eines Schulschiffes mit Nachdruck gefordert. Und auch in der deutschen Bevölkerung, die großen Anteil an der „Niobe"-Tragödie nahm, wurde ein solcher Wunsch laut vernehmlich formuliert.

Private Initiativen und öffentliche Sammlungen zur Unterstützung des Projekts kamen vielerorts auf. Denn die wirtschaftlich ausgeblutete, in ihren letzten Zügen liegende Weimarer Republik besaß dafür keine finanziellen Mittel. So rief der Deutsche Flottenverband die „Volksspende Niobe" ins Leben. In kurzer Zeit kamen 200 000 Reichsmark aufgrund dieser Initiative zusammen. Außerdem verkaufte man eine Gedenkmedaille in allen Banken des Landes.

Die Marineleitung gab unter der Bezeichnung „Projekt 1115 Ersatz Niobe" ein detailliertes Lastenheft für die Bauausschreibung vor. Höchste Sicherheitsstandards genossen Priorität. Vorgeschrieben waren zusätzliche und optimierte Fluchtwege unter Deck, absolut wasserdichte Aufbauten und vor allem eine optimale Stabilität des Schiffes. Die Takelage konzipierten die Ingenieure nach strengsten physikalischen Anforderungen. Dabei fiel das Verhältnis der Segelfläche zur Größe des Schiffskörpers deutlich geringer als bei der „Niobe" aus.

Im Herbst 1932 erfolgte die Ausschreibung, an der sich die Deutschen Werke, die Germania

Eng geht es her beim Ankerlichten auf dem Vorschiff der „Asta".

Bild rechts: Stapellauf der „Gorch Fock" am 3. Mai 1933 auf dem Werftareal von Blohm & Voss in Hamburg.

Werft, die Howaldtswerke, die Deschimag sowie Blohm & Voss beteiligten. Die letztgenannte Werft mit Sitz in Hamburg erhielt aufgrund ihrer einschlägigen Erfahrungen und des überzeugenden Angebotes am 2. Dezember 1932 den Zuschlag. Ausschlaggebend war vor allem aber die Zusage, den geplanten Dreimaster, wie von der Reichsmarine verlangt, bis zum 1. Juli 1933 abzuliefern.

Gebaut in 100 Tagen

Nach Plänen und unter der baulichen Leitung von Dr. h.c. Dipl.-Ing. Wilhelm Süchting lief das neue Segelschulschiff am 3. Mai 1933 vor 1800 Zuschauern auf dem Gelände von Blohm & Voss vom Stapel. Auf Vorschlag von Admiral Dr. h.c. Erich Raeder, Chef der Marineleitung, wurde es auf den Namen „Gorch Fock“ getauft, da der Heimatdichter seines Erachtens ein leuchtendes Vorbild für den Marinenachwuchs darstelle. Am 27. Juni 1933 – drei Tage vor dem vereinbarten Abliefertermin – erfolgte die Indienststellung.

Unter dem Kommando der Inspektion für das Bildungswesen der Kriegsmarine, wie die deutschen Seestreitkräfte seit dem 2. Mai 1935 bezeichnet wurden, kam die Bark bis zum Beginn des Zweiten Weltkrieges als Ausbildungsschiff für Seekadetten und Unteroffizieranwärter zum Einsatz. Trainingsfahrten fanden überwiegend in der Nord- und Ostsee statt. Nur wenige Reisen führten die „Gorch Fock“ wegen der immer größer werdenden Selbstisolation des Dritten Reiches – seit dem 30. Januar 1933 war das NS-Regime an der Macht – in ausländische Häfen.

Mit Beginn der Kampfhandlungen setzte man sie als stationäres Schul- und Büroschiff der 1. Marine-Lehrabteilung in Kiel ein. In ähnlicher Weise fand die „Gorch Fock“ anschließend Verwendung in Stralsund und Pillau. Im April 1944 schleppte man sie zur Insel Rügen und stellte sie erneut als Schulschiff in den Dienst der Flotte.

Während einer ihrer wenigen Auslandsreisen läuft das Segelschulschiff in die Mündung des River Dart zu einer Visite beim Royal Navy College in Dartmouth ein.

Als sich Ende April 1945 die Streitkräfte der Roten Armee näherten, lag die Bark nordwestlich der Halbinsel Drigge vor Anker. Hier wurde sie am 1. Mai 1945 auf Befehl des Standortkommandanten Stralsund auf Reede im Strelasund durch ein Pionierkommando des Heeres versenkt.

Auf Anweisung der sowjetischen Besatzungsmacht wurde das Wrack 1947 gehoben und an-

Teile der Aufbauten und Masten der 1945 im Strelasund versenkten Bark ragen aus dem Wasser.

Heute hat die erste „Gorch Fock“ als Museumsschiff im Stadthafen von Stralsund festgemacht.

schließend über einen Zeitraum von drei Jahren instandgesetzt. Unter ihrem neuen Namen „Tovarischtsch“ diente sie ab Juni 1951 wieder ihrem ursprünglichen Zweck, der Ausbildung von Seekadetten – nun denen der Marine der Sowjetunion. Heimathafen wurde Cherson am Dnepr in der Ukraine. Mit dem Ende der UdSSR 1991 ging das Schiff in das Eigentum der Ukraine über und wurde fortan als Segelschulschiff für die ukrainische Handelsmarine eingesetzt. Permanenter Geldmangel brachte aber in der Folge einen steten Verfall des Schiffes mit sich, bis es schließlich 1995 als nicht mehr seetüchtig bewertet und in Newcastle upon Tyne während eines dortigen Hafenaufenthaltes an die Kette gelegt wurde.

2003 erwarb ein gemeinnütziger Verein das Schiff und gab ihm seinen ursprünglichen Namen zurück. Der ehrgeizige Plan, die „Gorch Fock“ wieder in Fahrt zu bringen, scheiterte an dem hierfür erforderlichen enormen Aufwand. Nach der Grundsanierung wurde sie Museumsschiff im Stralsunder Stadthafen. Parallel dazu liefen Restaurierungsarbeiten an, die aus finanziellen und personellen Gründen nicht wie geplant vorankamen. Im Frühjahr 2023 wurde die Stadt Stralsund neue Eigentümerin des Schiffes und leitete eine umfassende Sanierung ein.

„Eagle“, ehemals „Horst Wessel“

Schon bald nach der Machtübernahme der NS-Regierung setzte ein erheblicher Aufrüstungsprozess bei der Wehrmacht und damit auch der Kriegsmarine ein. Zwangsläufig zog diese Entwicklung einen deutlich erhöhten Personal- und Ausbildungsbedarf nach sich. 1935 wurde bei Blohm & Voss unter der Baunummer 508 ein zweites Segelschulschiff in Auftrag gegeben. Bei seinem Stapellauf am 30. Juni 1936 erhielt es den Namen „Horst Wessel“, benannt nach einem 1930 ermordeten Sturmführer der Berliner SA.

Konstruiert auf Basis der „Gorch Fock“-Pläne, war die „Horst Wessel“ rund sieben Meter länger als ihr Schwesterschiff und der Großmast geriet um gut vier Meter höher. Auch die Segelfläche und die Verdrängung fielen größer aus. Außerdem war das Besansegel dreiteilig ausgeführt, während es bei der „Gorch Fock“ zweiteilig war. Als Galionsfigur führte das Schiff einen Reichsadler am Bug.

Nach ihrer Indienststellung am 17. September 1936 absolvierte die „Horst Wessel“ mehrere Auslandsreisen, unter anderem nach Las Palmas und nach Edinburgh, war jedoch mehrheitlich in heimatlichen Seegebieten präsent. Bei Kriegsausbruch lag sie stationär in Kiel. Hier diente sie kurzfristig dem Admiral der 2. Flotte

Rechts unten: Die „Horst Wessel“ fiel gegenüber dem Typschiff „Gorch Fock“ deutlich größer aus.

Das Segelschulschiff der U.S. Coast Guard – die „Eagle“, ehemals „Horst Wessel“ – 2019 im Kieler Marinestützpunkt, festgemacht auf dem Liegeplatz der Gorch Fock.

als Hilfsstabsschiff und wurde später der Marine-Hitlerjugend in Stralsund zur Verfügung gestellt. Übrigens wurde die Bark zu Beginn der Kampfhandlungen mit leichter Flak-Bewaffnung ausgerüstet, mit der während des Krieges drei feindliche Flugzeuge abgeschossen wurden.

Kurz vor der Kapitulation verholte die „Horst Wessel“ mit Flüchtlingen an Bord von Stralsund nach Flensburg. 1946 wurde sie als Reparationsleistung den Vereinigten Staaten zugesprochen und mit einer deutsch-amerikanischen Besatzung unter ihrem letzten deutschen Kommandanten, Kapitänleutnant Barthold Schnibbe, nach New York überführt. Sie dient heute der U.S. Coast Guard, der amerikanischen Küstenwache, unter dem Namen „Eagle“ als Schulschiff. Ihr Heimathafen ist New London im Bundesstaat Connecticut. Auf ihren zahlreichen Auslandsreisen machte die Bark mehrfach in deutschen Häfen fest, wobei ihr hervorragender Erhaltungszustand ins Auge stach. Ihrem Namen entsprechend führt die „Eagle“ einen Adler als Galionsfigur.

„Sagres II“, Ex-„Albert Leo Schlageter“

Noch ein drittes Segelschulschiff war wegen des pressierenden Ausbildungsbedarfs notwendig. Mit der Baunummer 515 lief das Schiff – exakt nach den Plänen der „Horst Wessel“ gefertigt – am 30. Oktober 1937 bei Blohm & Voss vom Stapel und wurde dreieinhalb Monate später von der Kriegsmarine in Dienst gestellt. Es erhielt

Parade 1936 in Kiel anlässlich der Olympischen Spiele: Im Vordergrund die „Albert Leo Schlageter“, dahinter die „Gorch Fock“ und die „Horst Wessel“.

Die ablegende „Sagres II“ 2014 in heimischen Gewässern, und zwar in Portimao in der Mündung des Flusses Arade in der Algarve.

den Namen „Albert Leo Schlageter“ nach einem Freikorpskämpfer, der 1923 während der französisch-belgischen Ruhrbesetzung hingerichtet wurde.

Am 19. März 1938 lief die Bark zu einer Südamerikareise aus, die bereits nach vier Tagen abgebrochen werden musste: Im Ärmelkanal kollidierte sie mit einem britischen Dampfer und musste für die erforderlichen Reparaturen nach Hamburg zur Bauwerft zurückkehren. Anfang April lief die „Albert Leo Schlageter“ erneut aus und absolvierte den Törn über den Atlantik nun ohne Zwischenfälle. Es folgten ein Staatsbesuch in Kopenhagen und die Beteiligung an der Taufzeremonie des Schlachtschiffes „Tirpitz“ in Wilhelmshaven. Eine Ausbildungsreise nach Santa Cruz de Tenerife und Recife an der Ostküste Brasiliens schloss sich an.

Während des Krieges erfolgte die Verwendung der „Albert Leo Schlageter“ als stationäres Büroschiff der Marineunteroffizierlehrabteilung. Im Januar 1944 wurde sie zusammen mit der „Horst Wessel“ als Schulschiff reaktiviert. Die Ausbildung fand vorwiegend im Seegebiet rund um die Insel Rügen statt. Am 14. November 1944 erhielt die Bark in einer russischen Minensperre vor Saßnitz einen Treffer. 15 Soldaten kamen ums Leben. Mit dem Heck voran schleppte die „Horst Wessel“ den Havaristen nach Swinemünde.

Nach Behebung der Schäden wurde das Schiff im Sommer 1945 den USA zugesprochen. Von Bremerhaven aus trat die „Albert Leo Schlageter“ 1946 ihre Reise über den Atlantik an. Die USA hatten keine Verwendung für eine zweite segelnde Ausbildungseinheit und verkauften das Schiff nach Brasilien, wo es im Oktober 1948 als „Guanabara“ als Schulschiff für die brasilianische Marine in Fahrt kam. Heimathafen war Rio de Janeiro. Doch waren die Südamerikaner mit der Komplexität des Schiffes überfordert. Es wurde Ende 1960 außer Dienst gestellt, abgetakelt, entwaffnet und als schwimmende Basis

vom Kommando der brasilianischen Patrouillenflottille genutzt. Zu diesem Zeitpunkt führte sie am Bug immer noch ihre ursprüngliche Galionsfigur, einen hölzernen Deutschen Adler.
1961 erwarb die Marine Portugals den Dreimaster für 150 000 Dollar, da die Vorgängerin gleichen Namens ersetzt werden musste. Diese liegt übrigens unter ihrem ursprünglichen Namen „Rickmer Rickmers“ von 1896 seit Ende der 80er-Jahre als Museumsschiff an den Hamburger Landungsbrücken. Als „Sagres II“ mit Heimathafen Lissabon dient die ehemalige „Albert Leo Schlageter“ der Ausbildung der nautischen Offiziere der Marinha Portuguesa. Regelmäßig ist die zwischenzeitlich mehrfach modernisierte Bark auf internationalen Großseglertreffen zu Gast und wird in ihrer Heimat als portugiesische Botschafterin auf See betrachtet. Die auffälligen roten Malteserkreuze auf ihren Segeln machen die „Sagres II“ unverwechselbar. Ihre heutige Galionsfigur stellt Heinrich den Seefahrer dar.

„Herbert Norkus“ – die Unvollendete

Noch ein viertes Segelschulschiff der bewährten Typklasse gab die deutsche Kriegsmarine 1939 in Auftrag. Bei Fertigstellung wäre es vollkommen identisch mit ihren Schwestern „Horst Wessel“ und „Albert Leo Schlageter“ gewesen. Doch es sollte anders kommen. Unter der Baunummer 524 fand am 1. Juli 1939 die Kiellegung statt. Kurz nach Kriegsbeginn, am 7. November 1939, wurde der Neubau mit einem Notstapellauf im Beisein von Hamburger NSDAP-Funktionären zu Wasser gebracht. Grund dafür war der kriegsbedingt forcierte U-Bootbau, für den die Helgen von Blohm & Voss dringender benötigt wurden. Ohne die übliche traditionelle Schiffstaufe erhielt das bereits in weiten Teilen fertiggestellte Schiff den Namen „Herbert Norkus“ nach einem 1932 von Kommunisten getötetes Mitglied der Berliner Hitler-Jugend.
Über die Kriegsjahre hinweg lag das Schiff am Anleger der Werft Blohm & Voss und diente Baubelehrungseinheiten der Kriegsmarine als Wohnschiff. Die vorgesehene Antriebsanlage wurde niemals eingebaut. Kriegsbedingt fanden Motor und Aggregate auf anderen Marineeinheiten Verwendung. Im März 1945 erlitt die „Herbert Norkus“ bei einem Bombenangriff auf Hamburg einige Schäden. Bereits am 18. Januar dieses Jahres war der offizielle und endgültige Baustopp für das Segelschulschiff ausgesprochen worden.
Mit der Besetzung der Hansestadt durch britische Truppen wurde die „Herbert Norkus“ von den Alliierten beschlagnahmt. Zunächst sollte die Bark nach Brasilien verkauft werden, was jedoch wegen der erlittenen Bombenschäden nicht realisiert wurde. Schließlich ließ man die nie vollendete Bark nach Derby bei Arhus in Dänemark schleppen und 1947, beladen mit Giftmunition, an der tiefsten Stelle im Skagerrak versenken.

Der Fockmast der „Herbert Norkus“ nach dem Kriegsende, vorbereitet zur Montage auf der GORCH FOCK der Bundesmarine.

Das Heck der „Herbert Norkus" auf dem Helgen von Blohm & Voss während der Bauphase.

Historisch interessante Randnotiz: Beim Stapellauf der „Herbert Norkus" waren die Untermasten bereits aufgestellt. Auch die gesamte Takelage war vorhanden, geriggt wurde die Bark jedoch nie. Da das Rigg den Krieg und die Nachkriegswirren – von dichtem Pflanzenwuchs überwuchert – unbeschadet auf dem Blohm & Voss-Areal überstanden hatte, fand es 1958 idealerweise Verwendung beim Bau der zweiten Gorch Fock.

„Mircea" – rumänische Exotin

Und noch ein weiterer Segler reiht sich ein in die „Gorch Fock"-Familie: Die „Mircea" ist das einzige Schwesterschiff, das nicht für die Ausbildung des deutschen Marinenachwuchses gebaut worden ist. In Auftrag gegeben vom rumänischen Staat, wurde die Bark am 30. April 1938 bei Blohm & Voss mit der Baunummer 519 auf Kiel gelegt und am 19. Januar 1939 vom neuen Eigner Fortele Navale Române, den Seestreitkräften Rumäniens, in Dienst gestellt. Baulich war sie mit der „Gorch Fock" nahezu identisch, besitzt lediglich eine geringfügig kleinere Segelfläche. Als Galionsfigur fährt die Bark eine prächtige Abbildung ihres Namengebers, Herzog Mircea dem Älteren.

Schlepper ziehen die „Mircea" nach ihrer Taufe an den Ausrüstungspier.

Nach dem Zweiten Weltkrieg wurde die „Mircea“ vorübergehend von der Sowjetunion beschlagnahmt und trug den Namen „Rion“. Nach erfolgter Rückgabe wurde die Bark 1966 auf ihrer hamburgischen Bauwerft umfassend modernisiert und umgebaut. Die Segel, das stehende und das laufende Gut wurden erneuert. Das Schiff erhielte einen MaK-Dieselmotor mit einer Leistung von 1100 PS, außerdem neue Rettungsboote. Erneuert wurden die gesamte Wohneinrichtung, die elektrische Anlage sowie die Navigationsausrüstung. Zur Erhöhung der Sicherheit im Fall einer Leckage änderten die Schiffbauer die Tankeinteilung. Nach einer weiteren Renovierung von 1994 bis 2004 auf der rumänischen Werft Santierul Naval Braila in Braila galt sie lange als das modernste Schiff ihrer Baureihe.

Zahlreiche Ausbildungsreisen führten die „Mircea“ in der Vergangenheit als Repräsentantin Rumäniens in internationale Gewässer. Häufig ins Mittelmeer und das Schwarze Meer, aber auch über den Atlantik und nach Nordeuropa. Bemerkenswert: Im Zusammenhang mit der unvorhergesehen langen Werftzeit der Gorch Fock trainierten 2017/18 rund 100 Offizieranwärter der Deutschen Marine in zwei Törns für jeweils fünf Wochen an Bord der „Mircea“.

Der Steuerstand der „Mircea“ ist deutlich kompakter bemessen als der seiner jüngeren Schwester der Deutschen Marine.

Die „Mircea“, über alle Toppen geflaggt, im Sommer 2017 am Bontekai in Wilhelmshaven.

Der Lite

Der Literat: Gorch Fock – Erfolg und Tragik

Zwei in weiten Teilen baugleiche Segelschulschiffe erhielten den Namen Gorch Fock. Dahinter verbirgt sich das Pseudonym eines maritimen Heimatdichters, dessen literarische Werke einst Bestseller waren.

Wer war Gorch Fock? Als Johann Wilhelm Kinau erblickte am 22. August 1880 jener spätere Dichter und Autor auf der Elbinsel Finkenwärder das Licht der Welt, der seine Gedichte und Erzählungen unter eben diesem Pseudonym publizierte. Geboren als ältestes von sechs Kindern des Hochseefischers Heinrich Wilhelm Kinau und dessen Ehefrau Metta, übten die Ozeane und Naturgewalten bereits in jungen Jahren eine erhebliche Faszination auf ihn aus. Sein großer Wunsch, diese Leidenschaft zu seinem Beruf zu machen, ging allerdings nicht in Erfüllung. Ihm fehlte die körperliche Eignung für das ausgesprochen harte Seemannsleben in der Hochseefischerei. Besonders seine Anfälligkeit für die Seekrankheit konnte er nicht überwinden.

So war Johann Wilhelm Kinau schließlich gezwungen, statt schwankender Decksplanken ein warmes Büro als Ort für seinen Broterwerb zu wählen. Nach dem Besuch der Handelsschule arbeitete er als Kontorist und Buchhalter. Inspiriert durch Theaterbesuche, begann er 1904

Linkes Bild: Sein Wunsch, endlich zur See zu fahren, endete für den norddeutschen Literaten Johann Wilhelm Kinau tragisch mit seinem Tod während der Skagerrakschlacht.

Das Grab des Dichters auf der schwedischen Schäreninsel Stensholmen.

Mit seinem Roman „Seefahrt ist not!“ landete Gorch Fock einen Bestseller, der ihn schlagartig berühmt machte.

mit dem Verfassen von Gedichten und Texten, zumeist in niederdeutscher Sprache. Verschiedene Zeitungen druckten diese unter dem Pseudonym Gorch Fock geschriebenen Werke. Es folgten zahlreiche Kurzgeschichten, Romane und Theaterstücke. Inhaltlich waren sie geprägt von tiefer Verbundenheit zu seiner Heimat und einer romantischen Verklärung des Lebens auf See. Sie fanden großen Anklang beim Publikum und machten ihn zu einem der bekanntesten Schriftsteller seiner Zeit. Gorch Fock schrieb in einer klaren, oftmals von Pathos getragenen und bildhaften Sprache, die den Leser direkt in die maritime Welt entführte.

Wissenswert sei an dieser Stelle erwähnt: Der Vorname Gorch leitet sich lokaltypisch aus dem Namen Georg ab. Fock hingegen entstammt der Namenslinie der Großeltern des Dichters. Weitere Pseudonyme von Johann Wilhelm Kinau lauteten Jakob Holst und Giorgio Focco. Auch seine Brüder Jakob und Rudolf gewannen als Heimatdichter Bedeutung. Ihr gemeinsamer Geburtsort wurde 1937 in Finkenwerder – also mit e statt ä geschrieben – umbenannt und nach der Sturmflut 1962 durch Eindeichungen von einer Elbinsel faktisch zu einer Festlandgemeinde am Ufer des Stroms.

Potenzial zum Film

Besondere Aufmerksamkeit und entsprechend hohe Auflagen erzielte der Literat mit seinem 1913 erschienenen Heimatroman „Seefahrt ist not!“, verfasst auf Hochdeutsch mit plattdeutschen Dialogen. Das Buch besitzt deutlich autobiographische und – ganz im Stil der Zeit – idealisierend heroische Züge. Es erzählt die Geschichte des jungen Matrosen Klaus Mewes, der bei seinem Vater als Schiffsjunge auf dessen Hochseelogger anheuert. Nicht nur gegen die Elemente muss er ankämpfen, sondern angesichts der Technisierung in der modernen Seeschifffahrt auch gegen den Niedergang der traditionellen Ewerfischerei. Am Ende ist der Protagonist Eigner und Kapitän eines Austernkutters, erleidet Schiffbruch und unterliegt in einem letzten Kräftemessen mit den Naturgewalten. Handlungsorte sind Finkenwärder mit seinem Kutterhafen, die Nordsee sowie der Elbstrom.

Der Roman wurde zu einem von der Kritik positiv rezensierten Bestseller und machte seinen Autor über Nacht im ganzen Land berühmt. Übersetzungen in verschiedene Sprachen erschienen. 1921 griff die noch junge Filmindustrie den Stoff auf und drehte daraus einen Stummfilm in fünf Akten.

Tod in der Skagerrakschlacht

Am 1. April 1915 wurde Kinau, inzwischen fast 35 Jahre alt, vom Kaiserlichen Heer eingezogen. Als Infanterist des Brandenburgischen Reser-

ve-Infanterie-Regiments 207 nahm er an den Kampfhandlungen des Ersten Weltkrieges in Serbien, Russland und Frankreich teil. Im März 1916 brachte sein Versetzungsgesuch zur Kaiserlichen Marine endlich den herbeigesehnten Erfolg: Gorch Fock erhielt seine Kommandierung an Bord des Kleinen Kreuzers „Wiesbaden".

Der sich spät erfüllende Traum des Dichters von der Seefahrt endete schnell und schicksalhaft. Eingesetzt als Ausguck auf dem vorderen Mast des erst im Jahr zuvor in Dienst gestellten Kriegsschiffes, ereilte ihn am 31. Mai 1916 während der Seeschlacht vor dem Skagerrak der Seemannstod. Bereits in der ersten Phase des Gefechts erhielt die „Wiesbaden" als Teil der II. Aufklärungsgruppe einen Volltreffer im Maschinenraum. Ohne Antrieb und manövrierunfähig trieb das Schiff stundenlang durch die Schlachtlinien, musste zahlreiche Treffer einstecken. Als der waidwunde Kreuzer schließlich auf Tiefe ging, riss er 589 Marinesoldaten mit sich in den Tod. Lediglich ein Besatzungsmitglied, der Oberheizer Hugo Zenne, wurde nach 44 Stunden stark unterkühlt im Seegebiet nordwestlich der Einfahrt zum Skagerrak gerettet.

Der Leichnam von Johann Wilhelm Kinau wurde im August 1916 nördlich von Göteborg am Strand des Eilands Väderöbod von schwedischen Fischern gefunden und später auf der nahegelegenen Schäreninsel Stensholmen zusammen mit den sterblichen Überresten weiterer deutscher und englischer Seeleute beigesetzt. Eingemeißelt in seinen Grabstein sind seine berühmten Worte „Seefahrt ist not!". Er hinterließ Gattin Rosa Elisabeth und drei Kinder.

Kulturell vereinnahmt

In der ersten Hälfte des 20. Jahrhunderts gehörte „Seefahrt ist not!" vor allem in Norddeutschland zur Pflichtlektüre im Schulunterricht. Die

Die Kaiserliche Marine taufte 1917 ein Vorpostenboot auf den Namen „Gorch Fock".

Gesamtauflage des Werks beträgt bis heute rund eine halbe Million Exemplare.

Die Nationalsozialisten vereinnahmten – ähnlich wie beim Heidedichter Hermann Löns – die von Gorch Fock hinterlassene Literatur in verfälschter Weise für ihre Ideologie, stilisierten sein tragisches Schicksal zum Heldentod. Das führte dazu, dass er unmittelbar nach dem Zweiten Weltkrieg als Kriegsverherrlicher und Wegbereiter des NS-Staates wahrgenommen wurde. Sein Biograf Günter Benja widerspricht dem: „Zweifelsohne war Gorch Fock ein Nationalist, Anhänger von Kaiser Wilhelm II. und dessen expansiver Flottenpolitik, keinesfalls jedoch Rassist oder Antisemit." Seine literarische Nachlassverwalterin soll es gewesen sein, die nahezu alle kritischen Anmerkungen aus seinen Texten entfernt haben soll, um diese für die propagandistische Vereinnahmung anzupassen.

Nicht nur die beiden Segelschulschiffe der Reichs- und der Bundesmarine wurden mit dem Namen des populären Literaten in Dienst gestellt, bereits ein 1917 auf der Stülcken Werft in Hamburg gebautes, ursprünglich als Fischdampfer konstruiertes Vorpostenboot der Kaiserlichen Marine taufte man auf „Gorch Fock". Es überdauerte beide Weltkriege, kam zwischenzeitlich in der Hochseefischerei zum Einsatz und wurde 1952 abgebrochen. Zahlreiche zivile Schiffe und Sportboote sind nach dem Literaten aus Finkenwärder benannt, ebenso Schulen, Straßen und öffentliche Plätze.

Legende

Legende ... vom Entstehen einer Schule unter Segeln

Aus einer zeitgeschichtlich äußerst turbulenten Epoche wird die Gorch Fock der heutigen Deutschen Marine 1958 hinein in ein ruhigeres Fahrwasser geboren, sprich gebaut. Hier ein Blick auf ihre Konstruktion und Technik bei der Indienststellung sowie die damaligen Begleitumstände.

Stapellauf am 23. August 1958 auf dem Areal der Blohm & Voss AG in Hamburg-Steinwerder vor den Augen von 10 000 Gästen und Schaulustigen.

Auf das Vakuum nach dem Ende des Zweiten Weltkrieges folgt 1949 die Gründung der Bundesrepublik Deutschland und der NATO. Bei einer Tagung im Kloster Himmerod werden im Oktober 1950 die ersten Weichen für einen Verteidigungsbeitrag Deutschlands innerhalb des transatlantischen Militärbündnisses gestellt, im Jahr darauf entsteht der Bundesgrenzschutz. Am 9. Mai 1955 tritt die Bundesrepublik Deutschland der NATO bei, der 12. November 1955 markiert das faktische Geburtsdatum der Bundeswehr und am 2. Januar 1956 rücken die ersten freiwilligen Soldaten in die Stützpunkte ein.

Mit Gründung der Bundesmarine läuft auch die Ausbildung neuer Offiziere an, hier die Crew V/56 bei ihrer Ankunft in der Marineschule Mürwik.

Eine Entwicklung, die in der Gesellschaft nicht überall auf Zustimmung stößt.
Nachdem im Sommer 1956 die Marineschule Mürwik den Lehrbetrieb für die Marine der Bundesrepublik Deutschland, so damals die offizielle Bezeichnung für die maritime Teilstreitkraft, aufgenommen hatte, rückt zwangsläufig das umfangreich verzweigte Themenfeld der Ausbildung in den Fokus. Auch die Diskussion um ein Segelschulschiff ist längst im Gange, an deren Ende die Entscheidung der Marineführung für den Neubau einer Bark steht.

Das Gelände der Werft Blohm & Voss, abgebildet auf einer Luftaufnahme aus den frühen 60er-Jahren.

Bewährte Konstruktion

Unter dem Datum 1. April 1957 vermerkt das Geschäftsbuch von Blohm & Voss handschriftlich mit der Baunummer 804 den Auftragseingang durch den Bundesminister für Verteidigung. Ein nach den Plänen der „Albert Leo Schlageter" zu erstellendes Segelschulschiff zum Selbstkostenerstattungspreis – was auch immer damit gemeint sein mochte – von 7,1 Millionen D-Mark war in Auftrag gegeben worden. Am Ende sollten sich die Gesamtkosten auf 8,5 Millionen D-Mark belaufen.
Nach Bekanntgabe des Vorhabens entbrennt eine Debatte in den Medien und im politischen Raum um das Für und Wider eines solchen Seglers in Zeiten eines rasanten technischen Fortschritts. Hinzu kommen Sicherheitsbedenken vor dem Hintergrund des Untergangs der „Pamir" am 21. September 1957, der in der Öffentlichkeit als nationale Katastrophe wahrgenommen wird. 80 der 86 Besatzungsmitglieder hatten im Hurrikan auf dem Atlantik ihr Leben verloren, darunter viele junge, teils jugendliche Kadetten. Am Ende hält die Bundesmarine, insbesondere durch die vehemente Fürsprache ihres Inspekteurs, Vizeadmiral Friedrich Ruge, an ihrer Entscheidung fest.

Rohbau in sechs Monaten

Zwei Kräne heben am 24. Februar 1958 die tonnenschweren Stahlelemente für das Kielsegment auf den Stapel. Schnell nimmt das Segelschulschiff seine Gestalt an, die Arbeiten kommen gut voran. Zeitweise klotzen die Werftarbeiter von Blohm & Voss im Zweischichtbetrieb von jeweils zwölf Stunden ran.
Die Bauaufsicht für die Bundesmarine führt Fregattenkapitän Wolfgang Erhardt, der in jungen Jahren bereits an Bord der „Niobe" seine Kadettenausbildung durchlief. Später zählte er in der

Die Saat ist ausgebracht, will heißen: Der Kiel des Schiffes ist gelegt.

Funktion als Topps- und Wachoffizier sowie als Erster Offizier zur Besatzung aller drei Segelschulschiffe der Kriegsmarine. Von Beginn an war der erfahrene Marineoffizier auserkoren, nach der Indienststellung erster Kommandant der Bark zu werden.

Parallel zu den baulichen Aktivitäten in Hamburg wird die Stammbesatzung rekrutiert. Auch hier legen die Personalplaner der Marineschule Mürwik großen Wert auf praktische Kenntnisse an Bord von Großseglern. Zur Auffrischung ihrer Fähigkeiten trainiert ein Teil von ihnen auf dem italienischen Segelschulschiff „Amerigo Vespucci", andere erhalten ihre Übungseinheiten an Bord des Vollschiffes „Segelschulschiff Deutschland" in Bremen. Außerdem legen die Crewmitglieder Hand beim Bau ihres Schiffes an. Sie unterstützen die Werftarbeiter tatkräftig. Das hat den sinnvollen Effekt, dass die Marinesoldaten ihr künftiges Schiff schon in diesem frühen Stadium bis in den letzten Winkel hinein kennenlernen.

Knapp zwei Dutzend Mitglieder der Stammbesatzung kommandiert die Marineführung nach Glückstadt an der Elbmündung. Dort hat die Segelmacherei Hans Hinsch & Sohn ihre Werkstatt,

Ein Teil der Stammbesatzung trainierte auf dem Segelschulschiff „Amerigo Vespucci" der italienischen Marine, das auf dieser Abbildung den Leichten Kreuzer „Giuseppe Garibaldi" passiert.

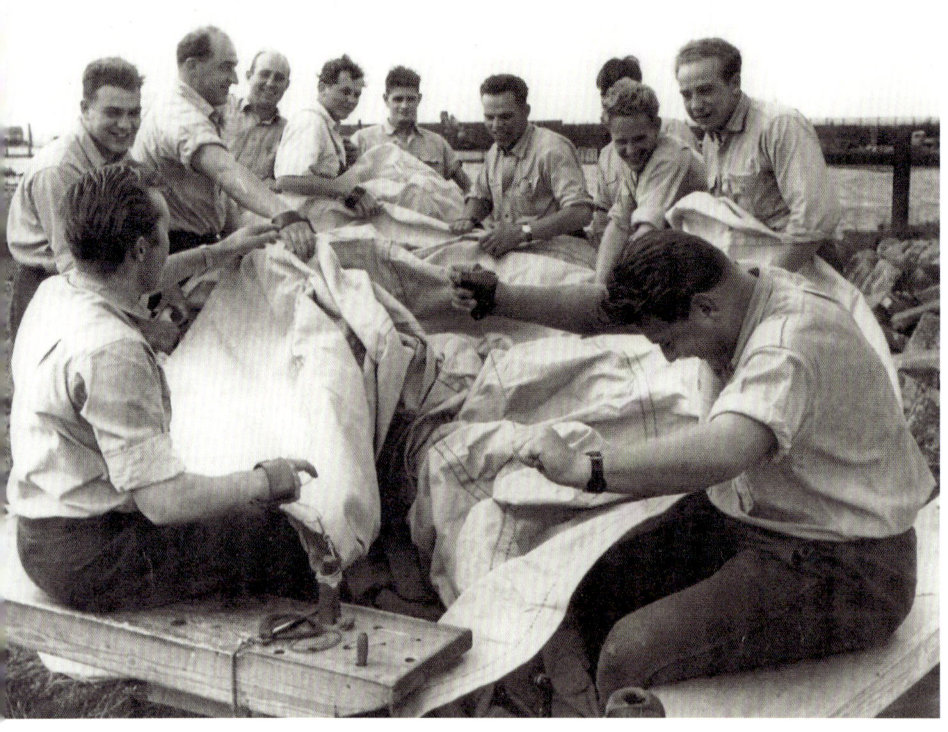

Mitglieder der Stammbesatzung nähen die Segel aus britischem Flachstuch.

wo die zahlreichen Tücher in Auftrag gegeben worden waren. Das dafür erforderliche Tuch aus Flachs namens Royal Navy Canvas hatte man bei einem englischen Hersteller geordert. Mehr als 30 Segel, Reservesegel eingeschlossen, von zusammen 3000 Quadratmetern Größe sowie 20 Kilometern Naht entstehen unter erheblichem Zeitdruck.

Sicherheitsaspekte

Das neue Segelschulschiff basiert zwar auf der Konstruktion der 1938 in Dienst gestellten „Albert Leo Schlageter“, entsteht jedoch unter Einbeziehung moderner technischer und materieller Erkenntnisse sowie neuer Sicherheitsstandards. Im Lastenheft verlangt die Marine weiterhin: Einen möglichst geringen Tiefgang, der auch das Anlaufen kleinerer Ostseehäfen zulässt, sowie der Einbau eines Hilfsmotors für das selbstständige Manövrieren. Außerdem die Erfüllung des internationalen Schiffsicherheitsvertrages in den Bereichen Schottunterteilung, Leckstabilität, Feuerschutz, Rettungsmittel und Funkeinrichtung. Allein die 372 Tonnen Eisenballast im Rumpf bewirken eine hohe Kenterstabilität. Berechnungen ergeben, dass sich das Schiff aus einer 90 Grad-Krängung selbstständig wieder aufrichten würde.

Zwei Radargeräte sorgen auf elektronischem Weg für zusätzliche Sicherheit. Vierzehn Rettungsinseln mit einer Kapazität für jeweils zwanzig Personen und drei weitere für je drei Mann befinden sich an gut zugänglichen Stellen auf dem Oberdeck. Ebenso Rettungswesten für alle Besatzungsmitglieder. Zwei in Davits hängende Marinekutter für Rettungseinsätze und für die Ausbildung stehen zur Verfügung, außerdem ein Motorkutter und eine mit geschlosse-

Einer der beiden riemengetriebenen Kutter wird zu Wasser gebracht.

nem Deckshaus versehene Pinasse. Die beiden letzteren dienen dem Material- und Personenverkehr vor Anker liegend, sind auf Pallungen auf der Bootsbarring mittschiffs verzurrt und werden mit dem am Großmast angeschlagenen Bordkran zu Wasser gebracht. Sie zählen technisch jedoch nicht zu den Noteinrichtungen. Anfänglich gehört auch noch eine Segeljolle zur Beibootsausstattung, die aber bald wieder von Bord genommen wird. Die seitens der Bundesmarine verlangten Standards überschreiten die Konstrukteure zum Teil erheblich.

Entsprechend dem vorliegenden Linienriss aus dem Jahr 1937 entsteht der Schiffskörper aus Stahl, der teilweise geschweißt, im Wesentlichen aber nach alter Schiffbautradition genietet wird. Die Hauptspantform besitzt eine hohe Aufkimmung mit V-för-migen Spanten im Vorschiff und liegende Spanten im Achterschiff. Den Vorsteven führt Blohm & Voss als Klipperbug mit Flacheisen aus. Mit dem Ober- und dem Zwischendeck verfügt die Gorch Fock über zwei durchlaufende Stahldecks. Das Unterdeck, auch Plattformdeck genannt, ist im achterlichen Bereich des Maschinenraums unterbrochen. Gegenüber der „Albert Leo Schlageter“ wird an dieser Stelle ein zusätzliches Querschott eingezogen und auf diese Weise eine zehnte wasserdichte Abteilung geschaffen. Ein Doppelboden beugt Leckagen bei Kollisionen oder Grundberührungen vor.

Flautenschieber mit 800 PS

Die Motorenanlage der Gorch Fock hat man in zwei Räumen im Plattformdeck platziert. Die Hauptmaschine befindet sich im hinteren davon, davor liegt der Raum für die Hilfsmaschinen, Generatoren und die Schalttafel. Als Hauptantrieb kommt ein nicht umsteuerbarer, einfach wirkender M.A.N.-Viertakt-Diesel vom Typ 46V 30/38 mit BBC-Turboaufladung zum Einsatz. Seine Leistung beträgt 800 PS bei 500 Umdrehungen pro Minute. Die Kühlung erfolgt durch Frischwasser, das in einem Kühler mit Seewasser rückgekühlt wird. Ein Untersetzungsgetriebe reduziert die Motorendrehzahl von 500 auf 220 Propellerumdrehungen. Mittels einer

Der in weiten Teilen fertiggestellte Rumpf auf dem Helgen.

800 PS leistet der M.A.N.-Diesel – ausreichend für Hafenmanöver aber kaum langstreckentauglich.

Verstellerpropelleranlage des Herstellers Zeise-Liaaen wird die Leistung auf einen dreiflügeligen Propeller mit einem Durchmesser von 2,5 Metern übertragen. Dabei erfolgt die Verstellung der Propellersteigung – nach einem mit dem Maschinentelegrafen von der Brücke aus übermittelten Kommando – tief unten im Maschinenraum. Während des Segelns positioniert das Maschinenpersonal den Propeller – damals wie heute – zur Reduzierung des Widerstandes im Wasser in Segelstellung.

Drei MWM-Diesel-Gleichstrom-Generatoren mit einer Leistung von je 60 Kilowatt bei 230 Volt liefern den Strom für das elektrische Bordnetz. Für den Nachtbetrieb ist eine Stahl-Akkumulatoren-Batterie vorhanden. Drei an verschiedenen Stellen im Schiff installierte Pumpen sind für den Lenz- und Feuerlöschbetrieb vorgehalten. Eine weitere Kolbenlenzpumpe befindet sich im Maschinenraum. Für angenehme Temperaturen im Schiffsinneren sorgt ein ölgefeuerter Warmwasserheizungskessel, der auch die Warmwasserversorgung gewährleistet. Für die permanente Luftzirkulation an Bord sind 19 Lüfter installiert. Mit einer Fläche von 7,25 Quadratmetern ist das Ruder als Balance-Verdrängungsruder konstruiert. Geführt wird der geschmiedete Ruderschaft in zwei Stopfbuchsen. Das Rudergewicht ruht im oberen Traglager.

Vom Motor über das Getriebe überträgt die Welle die Antriebskraft auf den Propeller.

Messing und edle Hölzer

Die Wetterdecks beplanken die Werftarbeiter 1958 mit einem 70 Millimeter starken Belag aus strapazierfähigem Teakholz. An das langgestreckte Backdeck schließt sich das Deckshaus an. Darin befinden sich die Kombüse, der Friseur, die Wäscherei und ein Lehrkartenraum. An dessen überdachter Stirnseite hängt die von der Glocken- und Kunstgießerei Petit & Gebr. Edelbrock im münsterländischen Gescher gegossene Schiffsglocke. Sie muss im Frühjahr 2010 ersetzt werden, da das Messing gerissen war und sie ihren ursprünglichen Klang verloren hatte.

Die Kammern von Kapitän – auf Marineschiffen Kommandant – und Offizieren, die Offiziermesse und die Schreibstube sind in der 22 Meter langen Hütte im achterlichen Bereich untergebracht. Ebenso das Lazarett mit Bad und Behandlungsraum, Operationstisch, Röntgengerät und medizinischer Ausstattung. Auf dem Achterschiff findet sich schließlich das Kartenhaus, das Herzstück für die Nautiker, Funker und den Meteorologen. An nautischer Ausrüstung gehören Radar, Echolot, Sichtfunkpeiler, Dekka-Navigator, Magnetkompass und eine Fahrtmessanlage zur Erstausstattung der Gorch Fock. Hinzu

Notsteuerstand auf dem Hüttendeck, dahinter an zwei Davits ein Beiboot, das im Zuge der Erprobung wieder entfernt wird.

Bild links: Die Stirnseite des Deckshauses mit der Schiffsglocke, obenauf die beiden Marinekutter und davor das Mitteldeck.

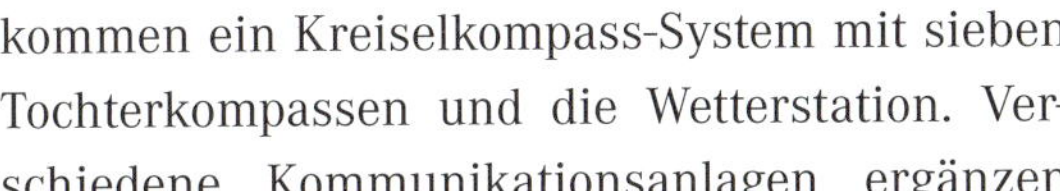

kommen ein Kreiselkompass-System mit sieben Tochterkompassen und die Wetterstation. Verschiedene Kommunikationsanlagen ergänzen diesen Bereich: Funktelegrafie, Einrichtungen für Flaggen- und Blinksignale, Typhon sowie Schiffsverkehrs-, Fernsprech-, Wechselsprech-, Betriebsfernsprech- und Schiffslautsprecheranlage.

Vor dem Kartenhaus ist bis heute das Hauptruder mit drei hölzernen, mit Messingbeschlägen versehenen Steuerrädern platziert. Außerdem die doppelt ausgeführte Magnetkompasssäule aus Messing. Ein weiteres Ruder für Notfälle – es trägt die Inschrift „Gott mit uns“ – befindet sich zusammen mit dem Rudergetriebe am Ende des Achterschiffes. Dieses ist aus optischen und aus

Die Brücke im Kartenhaus ist für damalige Verhältnisse hochmodern ausgerüstet.

Gründen des Wetterschutzes von einer Holzverkleidung umhüllt und wird „Klavier“ genannt, einfach deshalb, weil es optisch an ein solches erinnert.

Rechts: Ankergeschirr auf dem Backdeck.

Unter Deck

Die Unterkünfte für die Kadetten, die hier auch heute noch in Hängematten schlafen, befinden sich im Zwischendeck. Die Stammcrew und die Unteroffiziere sind im Vorschiff untergebracht, wo auch die Schneider- und die Schusterwerkstatt untergebracht sind. Im darunterliegenden Plattformdeck dominiert die Motorenanlage. Hier sind außerdem weitere Werkstätten und Stauräume für Proviant und Material.

Rechts Mitte: Das manuelle Einholen des Ankers ist Teil des Ausbildungsprogramms und erfordert reichlich Manpower.

Die Möbel in den Kammern der Offiziere und Bootsleute fertigen die Tischler aus Mahagoniholz, die in der Offiziermesse aus Schweizer Birnbaum. Das Mobiliar in der Kommandantenkajüte ist in Nussbaum gehalten. Die beiden Kadettendecks, weiter in insgesamt acht Wohnräume unterteilt, sind weniger luxuriös ausgestattet. Hier befinden sich Blechspinde, Backen und Bänke aus Metall und Holz sowie die Hängematten. Ähnlich ausgestattet sind die Räume für die Maaten, die Stammcrew und die mitreisenden Zivilisten – Schneider, Schuster, Friseur und Koch sowie zwei Stewards.

Die Möbel und Wandverkleidungen in der Kommandantenkajüte sind aus Nussbaumholz hergestellt.

Zum Ankergeschirr gehören bei der Erstausrüstung der Hallanker in der Klüse sowie ein Reserveanker desselben Typs, welcher an der Hinterkante der verlängerten Back gehaltert ist. Außerdem ein Stockanker, der auf dem sogenannten Schweinsrücken gefahren wird. Alle drei Anker sind je 2160 Kilogramm schwer und an hochfest geschmiedeten Ketten in einer Stärke von 45 Millimetern befestigt. Ein weiterer Stockanker mit einem Gewicht von 750 Kilogramm ist am Großmast als Stromanker gehaltert, außerdem ein 375-Kilogramm-Stockanker als Warpanker auf dem Hüttendeck.

Der Betrieb des Bugankerspills auf der Back funktioniert mittels Elektromotor oder mit Muskelkraft. Bei manueller Handhabung muss ein mit zehn Handspaken versehenes Verholspill gedreht werden, das mit dem Bugankerspill ge-

koppelt werden kann. Um einen der zwei Hauptanker mit zusätzlich zweihundert Metern freihängender Kette zu hieven, bedarf es drei Mann an jeder Spillspake, also insgesamt 30 Mann. Dabei holen die Soldaten mit fünf Umdrehungen etwa zwei Meter Kette ein.

45 Meter über Deck

Getakelt ist die Gorch Fock als Bark mit geteilten Marssegeln, Bram- und Royalsegeln. Die Höhe des Riggs ist so konzipiert, dass die Brücken des Nord-Ostsee-Kanals problemlos zu passieren sind, wobei dafür die oberen Stengen von Fock- und Großmast gefiert und so deren Höhe reduziert werden muss. Masten, Bugspriet und Rahen hatte man auf der Werft bereits 1939 für das unvollendet gebliebene Schwesterschiff „Herbert Norkus“ aus Stahlplatten zu einem Rohr geschweißt. Alle 24 Segel sind handgenäht, entsprechend umliekt und an besonders beanspruchten Stellen geledert und gedoppelt.

Das stehende Gut besteht bei der Erstausrüstung aus 42-drähtigem verzinkten Stahldraht, den man in Seilhülsen vergießt oder in Talurithülsen presst, sowie zum Schutz vor Korrosion mit Schiemannsgarn bekleedet – zu Deutsch umwickelt – und zusätzlich kalfatert. Die Unter- und die Stengewanten sind zum Aufentern ausgewebt. Bis zum Topp führen feste Jakobsleitern. Fuß-, Spring- und Nockpferde sowie Rundeisen-Jackstage ermöglichen das Begehen der Rahen.

Das laufende Gut zum Bewegen der Rahen und zur Handhabung der Segel besteht aus 180-drähtigem verzinktem Stahltauwerk, aus Hanf- oder

Takel- und Segelriss der Gorch Fock, von der Blohm & Voss AG datiert auf den 23. Juli 1957.

1 *Flieger*
2 *Jager*
3 *Außenklüver*
4 *Innenklüver*
5 *Vorstengestagsegel*
6 *Focksegel*
7 *Voruntermarssegel*
8 *Vorobermarssegel*
9 *Vorbramsegel*
10 *Vorroyalsegel*
11 *Großstengestagsegel*
12 *Großbramstagsegel*
13 *Großroyalstagsegel*
14 *Großsegel*
15 *Großuntermarssegel*
16 *Großobermarssegel*
17 *Großbramsegel*
18 *Großroyalsegel*
19 *Besanstagsegel*
20 *Besanstengestagsegel*
21 *Besanbramstagsegel*
22 *Unterer Besan*
23 *Oberer Besan*
24 *Besantoppsegel*

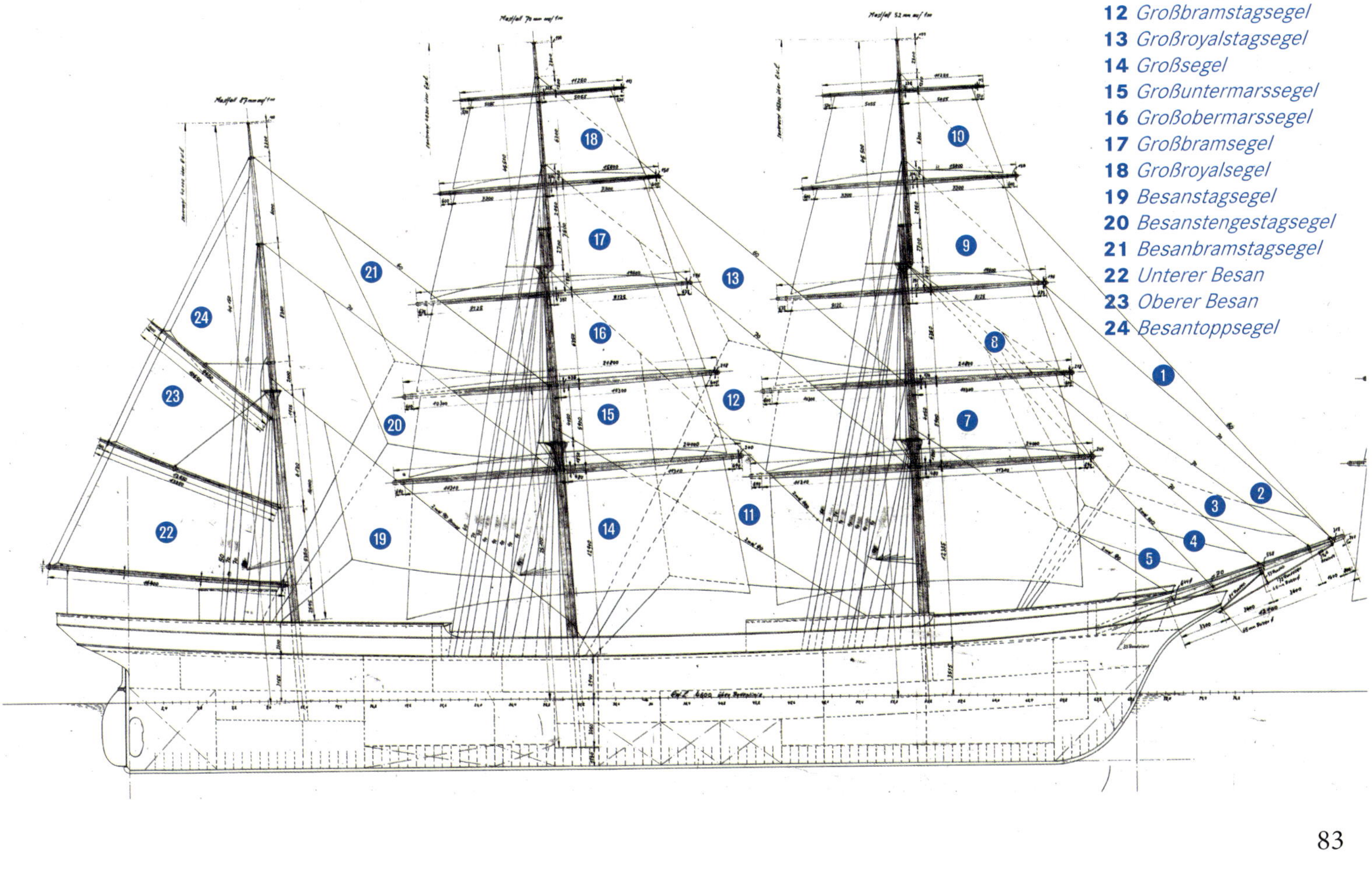

Der Fockmast wird in den Rumpf eingebracht.

Rechts oben: Vizeadmiral Ruge spricht unmittelbar vor der Taufzeremonie zu den zahlreichen Gästen, im Hintergrund links Rudolf Kinau und rechts Taufpatin Ulli Kinau.

Manilatauwerk. 1958 werden für die Takelung der Gorch Fock 6800 Meter Stahltauwerk, 9000 Meter Hanf- und Manilatauwerk, 331 Holzblöcke, 68 Stahlblöcke, 129 Spannschrauben, 621 Schäkel, 617 Kauschen und Seilhülsen, 425 Belegnägel und 284 Legel verarbeitet.

Das Werk ist vollbracht

Gemeinsam mit dem Bundesminister für Verteidigung lädt die Blohm & Voss AG zum Stapellauf und zur Taufe am 23.August 1958 ein. Keine sechs Monate sind seit der Kiellegung vergangen. Über 10 000 Gäste und Schaulustige sind es nach Schätzung der Verantwortlichen, die dieser tiefsymbolischen maritimen Zeremonie beiwohnen. Auf einer erhöhten Taufkanzel unter dem mit Girlanden geschmückten Vorschiff stehen die Werftdirektoren Rudolf und Walter Blohm, der Inspekteur der Marine, Vizeadmiral Friedrich Ruge, Journalisten sowie handverlesene Ehrengäste. Die Festrede hält Rudolf Kinau, der sieben Jahre jüngere Bruder des Schriftstellers und Namengebers Gorch Fock, auf Finkenwärder Platt.

Mit den Worten „Boben dat Leven steiht de Doot. Ober boben den Doot – steiht wedder dat Leven! Ick däup die up den Nom Gorch Fock“ lässt anschließend Ulli Kinau, die Nichte des Dichters, das gläserne Behältnis mit dem edlen Schaumwein am Steven der Bark zerschellen. Es folgt ein tiefdröhnendes Konzert aus hunderten Typhonen der im Hamburger Hafen liegenden Schiffe und Boote, während die Marinekapelle die Nationalhymne intoniert. Gleichzeitig ergeht das Kommando „Stopper los!“ an die Werftarbeiter und der Dreimaster gleitet langsam, dann immer schneller werdend übers Heck in sein Element.

Nach der Taufe ziehen zwei Schlepper das Schiff an den Ausrüstungskai der Werft. Es folgen weitere arbeitsreiche Wochen. Die Rahen müssen angeschlagen, das stehende und laufende Gut gespannt werden. Ebenso sind noch große Teile des Innenausbaus zu erledigen. Es folgen Stabilitätsprüfungen und die erste Probefahrt unter Motor in der Nordsee. Am 17. Dezember 1958 erfolgt schließlich die Indienststellung mit einer kurzen Feierstunde. Die Werftflagge wird eingeholt, stattdessen die Bundesdienstflagge und der Wimpel des neuen Kommandanten Wolfgang Erhardt, zwischenzeitlich zum Kapitän zur See befördert, gehisst.

Das verheißt Glück: Mit dem ersten Schwung zersplittert die Flasche mit dem Taufsekt am Steven.

Werfterprobung im Herbst 1958 auf der Nordsee, am Heck ist die Segeljolle gut zu erkennen, die kurz darauf wieder entfernt wurde.

Zu fernen Gestaden …

Wenige Tage später verlässt der neue Stolz der Bundesmarine – geadelt mit der Zertifizierung „GL + 100 A 4 (E)“ des Germanischen Lloyd – die Bauwerft in Hamburg und nimmt Kurs auf seinen Heimathafen Kiel. Während der Passage durch den Nord-Ostseekanal kommt es zu einem Missgeschick. Beim Unterfahren der Hochbrücke Hochdonn scheppert es gewaltig im Großmast, dann regnen die Reste der Topplaterne auf das Teakdeck. Die Besatzung hätte die Mastspitze noch etwas mehr fieren müssen, was aber wegen des neuen und somit noch wenig elastischen Materials nicht möglich war. Wenige Stunden später vermeldet der Norddeutsche Rundfunk reißerisch-plakativ eine Havarie der Gorch Fock während ihrer Jungfernfahrt im Kanal.

An drei Dalben macht die Bark vor dem Hindenburgufer fest, denn der spätere Stammliegeplatz an der Blücherbrücke existiert noch nicht. Kommandant und Besatzung machen sich sukzessive mit dem Schiff und seinen technischen Funktionen vertraut. Vor allem in der Takelage wird trainiert, bis schließlich jeder Handgriff wie im Schlaf sitzt. Am 31. Januar 1959 – dem 75. Geburtstag von Bundespräsident Theodor Heuss – legt die Gorch Fock erstmals ab zu einer Übungsfahrt auf der Kieler Förde. Viele weitere sollten folgen – Mess- und Meilenfahrten, Funkbeschickungen, Radarprüfungen, Stabilitätsversuche … Zwischenzeitlich kehrt der „Schwan der Ostsee“, wie das Segelschulschiff schon bald genannt wird, zurück zur Blohm & Voss AG. Hier werden zwei weitere Schotten eingebaut, um bei einem Wassereinbruch ein zusätzliches Plus an Sicherheit zu erzielen. Die Trinkwasserzellen baut man zu Wechselzellen für Ballast um und installiert ein manuelles Handruder für den Fall eines Defekts an der elektrischen Steuerung. Rund um Skagen geht es – pünktlich zur ersten Beteiligung an der Kieler Woche – zurück in die Landeshauptstadt Schleswig-Holsteins.

Im Sommer 1959 tritt der erste Kadettenlehrgang an Bord zur Musterung an – 200 junge Offizieranwärter, dazu kommen 80 Mann Stamm-

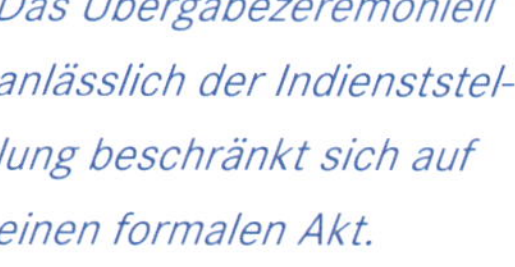
Das Übergabezeremoniell anlässlich der Indienststellung beschränkt sich auf einen formalen Akt.

Nach intensiven Test- und Trainingstörns beginnt am 8. August 1959 die erste Auslandsausbildungsreise mit Zielhafen Santa Cruz de Tenerife.

besatzung. Die erste Ausbildungsreise beginnt am 8. August 1959 auslaufend Kiel. Sie führt um Skagen und durch den Ärmelkanal nach Santa Cruz de Tenerife. Die Gorch Fock und ihre Mannschaft bewähren sich hervorragend – ganz so wie erwartet.

Wilhelm

Wilhelm Pieck – Segelschulschiff der DDR

Auch in der Deutschen Demokratischen Republik setzte man auf eine solide seemännische Ausbildung unter Segeln – und zwar bereits sechs Jahre vor der Indienststellung der GORCH FOCK mit der „Wilhelm Pieck".

Ein direkter Vergleich zwischen der „Wilhelm Pieck" und ihrem westdeutschen Pendant ist nur bedingt möglich, da beide Schiffe nicht nur hinsichtlich ihrer Größe, Takelung und Reichweite deutlich voneinander abwichen. Auch der Schulungsbetrieb folgte verschiedenen Konzepten. So war die Schonerbrigg des Arbeiter- und Bauernstaates nie Teil der Flotte der Volksmarine. Die an Bord trainierten Kursanten, so der DDR-Terminus, waren Nachwuchs für die zivile und militärische Seefahrt.

Die Schiffsbiographie der „Wilhelm Pieck" stellt sich recht skurril dar. Der 75. Geburtstag des ersten DDR-Präsidenten Wilhelm Pieck sollte

Stapellauf des Schulschiffes am 26. Mai 1951 auf der Warnow-Werft in Warnemünde.

Pieck

An Bord der „Wilhelm Pieck" fanden militärische und zivile Lehrgänge für angehende Seeleute der DDR statt.

am 3. Januar 1951 landesweit opulent und in einem staatstragenden Rahmen gefeiert werden. Unter den seinerzeit noch existierenden Ländern begann ein regelrechter Wettbewerb um das würdigste Geburtstagsgeschenk für ihren obersten Repräsentanten. Gleichzeitig eine hervorragende Chance, die Leistungsfähigkeit der jeweiligen Regionen auf großer Bühne darzustellen.

Die beiden damaligen führenden politischen Köpfe Mecklenburgs, Kurt Bürger und Karl Mewis, hatten die Idee, dem Präsidenten eine Staatsyacht zu schenken. Und das mit aller Macht und innerhalb von nur sieben Tagen. Ambitioniert oder blauäugig?

Die Brigantine war aus Stahl gebaut, besaß einen Kliperbug und ein Spiegelheck.

Konstruiert im Hauruckverfahren

Tatsächlich gelang es Wilhelm Schröder, dem Chefkonstrukteur der Warnowwerft in Warnemünde, über die Feiertage zum Jahreswechsel den Entwurf des Schiffes fertigzustellen. Hierbei handelte es sich um eine Schonerbrigg – auch als Brigantine bezeichnet – mit Rahsegeln vorne am Fockmast sowie Gaffel- und Schratsegeln, die am achterlichen Großmast beziehungsweise am Bug und zwischen den Masten angeschlagen waren. Die Konstruktionszeichnungen des Stahlschiffes mit Klipperbug und gewölbtem Spiegelheck übereichte man dem DDR-Präsidenten pünktlich auf dem Festakt zu seinem Geburtstag. Wilhelm Pieck war jedoch der Auffassung, dass er eine Staatsyacht nicht benötige und reichte das Prestigeobjekt noch während der Feierlichkeiten weiter als „Schiff der Jugend" an die Organisation FDJ. Ein unerwartetes Geschenk, das der damalige FDJ-Vorsitzende Erich Honecker dankend entgegen nahm.

Erstaunlich schnell ging der Bau des Zweimasters vonstatten. Am 27. Februar 1951 war Kiellegung, zwei Monate später erfolgten der Stapellauf und die Taufe in Anwesenheit des DDR-Präsidenten auf dem Gelände der Warnowwerft. Eine Meisterleistung angesichts des Mangels an Rohstoffen und Facharbeitern auf dem Schiffbaubetrieb, der zudem mit Reparationsaufträgen der Sowjetunion und einem Bauprogramm für Fischereifahrzeuge heillos überlastet war.

Auch der finanzielle Rahmen war äußerst knapp bemessen. Darum holten die Verantwortlichen bei der FDJ den Generalinspekteur der Seepolizei der DDR, Waldemar Verner, mit ins Boot. Seine Organisation gilt als Vorläufer der späteren Volksmarine und plante bereits in diesem Vorstadium intensiv die Rekrutierung

und Ausbildung des zukünftigen Nachwuchses. Das Engagement Verners sowie dessen direkte Intervention bei Wilhelm Pieck persönlich brachten die erforderliche Dynamik hinter das ehrgeizige Bauvorhaben, vor allem aber die erforderlichen Geldmittel.

Von der FDJ zur GST

Kaum weniger kompliziert war die Suche nach einem geeigneten Kapitän für die „Wilhelm Pieck". Wichtiger noch als die erforderlichen Patente und praktischen Erfahrungen mit der Führung eines Großseglers waren dessen Linientreue im Sinne der SED und politische Zuverlässigkeit. Eigenschaften, die Kapitän Ernst Weitendorf mitbrachte. Der erfahrene Nautiker war Mitglied der Partei und sollte das Segelschulschiff in den nächsten vier Jahren kommandieren. Die Indienststellung erfolgte am 2. August 1951, kurz darauf startete der Ausbildungsbetrieb. Liegeplatz und Heimathafen der Schonerbrigg war der Rostocker Stadthafen.
Einschneidende Veränderungen ereigneten sich schon im darauffolgenden Jahr. Hinter den Kulissen beschloss die Staatsführung der DDR den Aufbau bewaffneter Streitkräfte. Flankiert wurde die Wiederbewaffnung mit Schaffung der Gesellschaft für Sport und Technik, kurz GST genannt. Aufgabe dieser Organisation war die vormilitärische Ausbildung der Jugend in den Bereichen Motor-, Flug- und Wassersport. Als Konsequenz daraus musste die FDJ ihre „Wilhelm Pieck" an die GST abgeben. Im Sommer 1954 wechselte das Segelschiff den Heimathafen. Fortan lag es an der Hochseeyachtenstation der GST Greifswald-Wieck, dem Vorläufer der GST-Marineschule „August Lütgens".

Messingpolieren – eine Pflichtaufgabe für den Seemann.

Bis ins Schwarze Meer

Ziel der Ausbildung war die Vermittlung praktischer und theoretischer nautischer Grundkenntnisse an junge Männer im wehrpflichtigen Alter für ihren späteren Dienst in der Volksmarine. Lehrgänge an Bord der „Wilhelm Pieck" umfassten einen Zeitraum von zunächst drei Monaten, später vier Wochen. Jährlich gab es zwischen vier und sieben Kurse, zwei davon jeweils für die Lehrlinge der zivilen DDR-Schifffahrt. Ausgebildet wurde in unterschiedlichen Fachbereichen, an deren Ende ein nahtloser Übergang an die von der Armee geforderten Kenntnisse stand. Es gab die Laufbahnen Seemannschaft/Allgemein, Seemannschaft/Navigation, Seemannschaft/Seefunk sowie Seemannschaft/Maschine. Unterrichtet wurde außerdem „die politisch-ideologische Erziehung zum Herausbilden eines festen Klassenstandpunktes unserer Jugend, damit sie den Wehrdienst als Klassenauftrag erkennt, die seemännische Körperertüchtigung zur Anerziehung physischer Eigenschaften wie Mut, Ausdauer, Zielstrebigkeit und Beharrlichkeit und nicht zuletzt Grundregeln der militärischen Ordnung und Disziplin", so der Wortlaut aus einer zeitgenössischen Schrift.
Ausbildungstörns fanden überwiegend in der Ostsee statt. Repräsentative Besuche im Ausland beschränkten sich lange Zeit auf Polen und die Sowjetunion, da die DDR von kaum einem westlichen Staat anerkannt war. Trotzdem meisterte die Schonerbrigg 1957 eine dreimo-

Am Ankerspill ist schiere Muskelkraft gefragt.

natige Reise, die sie über 8000 Seemeilen hinweg durch das Mittelmeer bis nach Odessa am Schwarzen Meer führte. Allein aus den ersten fünf Törns sollen 20 spätere Kapitäne der DDR-Handels- und Fischereiflotte sowie 30 NVA-Offiziere hervorgegangen sein.

Zum Problemfall entwickelte sich die „Wilhelm Pieck“ langsam aber sicher in den 80er-Jahren. Trotz guter Pflege seitens der Besatzungen sowie regelmäßiger Werftaufenthalte zur Überholung war ihre Ausrüstung nicht mehr auf dem aktuellen Stand der Technik. Der stählerne Rumpf wies deutliche Verschleißspuren auf. Für einen Neubau oder den Kauf eines Nachfolgers fehlten die finanziellen Mittel. Der schleichende wirtschaftliche Zusammenbruch der DDR löste indirekt einen Investitionsstau bei dem kaum noch aktiven Schulschiff aus. Mit dem Ende der DDR kam auch das Aus für die GST.

Bis zur Wiedervereinigung hatten 6771 junge Matrosen unter sechs verschiedenen Kapitänen ihr seemännisches Rüstzeug an Bord der „Wilhelm Pieck“ erlernt. 112 015 Seemeilen legte die Schonerbrigg unter der DDR-Flagge zurück, die meisten davon unter Segeln.

Nach der Wende: Traditionssegler „Greif“

Das Erbe der GST trat der Bund Technischer Verbände an, der jedoch nicht willens und in der Lage war, das Schiff zu betreiben und zu unterhalten. Ein Verschrotten des Zweimasters schien unausweichlich. Schließlich erwarb die Stadt Greifswald nach zähen Verhandlungen mit der Treuhand-Gesellschaft – unterstützt mit Spenden aus der Bevölkerung sowie der Pamir-Passat-Vereinigung aus Lübeck – das marode Schiff. Es erhielt den Namen „Greif“ und genießt den Status eines beweglichen Kulturdenkmals.

1991 wurde es mit großem Aufwand überholt und modernisiert. Ein neuer, 233 PS starker MTU-Achtzylinder-Diesel überträgt seitdem seine Leistung auf einen Verstellpropeller.

Ebenso erhielt die „Greif“ ein Bugstrahlruder. Ihre Navigations- und Kommunikationstechnik entsprach den damaligen Erfordernissen. Klassifiziert wurde sie als Segelschulschiff/Ausbildungsschiff und erfüllte alle vorgeschriebenen Sicherheitsstandards. Mit einer ehrenamtlichen Stammbesatzung sowie bis zu 30 Trainees unternahm die „Greif“ vornehmlich Törns in der Ostsee.

Häfen in Polen, Skandinavien bis hin zu den Åland-Inseln wurden angelaufen. Unter Anleitung der erfahrenen Crew erhielten die Mitsegler tiefe Einblicke in die traditionelle Seemannschaft, jahrhundertealte Segelpraxis und die Kameradschaft auf den schwankenden Schiffsplanken.

Eine Hiobsbotschaft bremste die „Greif“ 2020 aus. Erhebliche Mängel, vor allem bei der stählernen Rumpfbeplattung, führten dazu, dass ihre Seetüchtigkeit technisch und juristisch nicht mehr gegeben war. Eine Generalsanierung mit einem Kostenvolumen von rund 4,5

Links:
Reinschiff an und unter Deck ist Teil der Bordroutine.

Links unten:
Navigationsunterricht mit Seekarte und Zirkel.

Paradeaufstellung auf den Rahen des Fockmastes.

Millionen Euro soll bis 2025 abgeschlossen sein.
Einen großen Teil der Arbeiten führen die Mitglieder der Stammcrew mit Unterstützung des Fördervereins Rahsegler durch. Spenden, Sponsoring und öffentliche Fördergelder treiben das ambitionierte Restaurierungsprojekt voran.

Nach der Wiedervereinigung wurde aus der „Wilhelm Pieck“ der Traditionssegler „Greif“ mit dem Heimathafen Greifswald-Wieck.

Konstan

Konstante – technische Veränderungen in sechs Dekaden

Auf den ersten Blick mag die Gorch Fock bei ihrer Indienststellung und erst recht im 21. Jahrhundert als technisch antiquiert erscheinen. Doch tatsächlich modernisierte die Marine ihr Segelschulschiff unter Berücksichtigung des Ausbildungskonzeptes fortlaufend.

Im Herbst 2021 kehrte das Segelschulschiff der Deutschen Marine nach langer Werftliegezeit in seinen Heimathafen Kiel zurück und wurde mit großer Freude empfangen. Die vorangegangenen knapp sechs Jahre waren eine Zeit, die man durchaus als Leidensweg dieses Schiffes bezeichnen kann. Relativ bald nach Beginn der Werftliegezeit eskalierte das Geschehen. Mehrere Verlängerungen, immer größere Arbeitsumfänge, teils explosionsartige Kostensteigerungen sowie offensichtlich korrupte Machenschaften im Hintergrund bis hin zur Insolvenz einer Werft, bestimmten das Geschehen. Dies auch

Heimkehr nach langer Werftzeit – Gorch Fock mit Eskorte bei der Einfahrt in die Kieler Förde.

Das ursprüngliche Werftschild von Blohm & Voss an der Stirnseite des Kartenhauses …

in der Berichterstattung der Presse, die irgendwann kaum mehr ein gutes Haar am Schiff ließ – trotz dessen Bekanntheits- und Beliebtheitsgrades. In der öffentlichen wie politischen Diskussion wurden etliche kritische Fragen, Forderungen nach Verschrottung und Verzicht auf ein Segelschulschiff, aber auch Forderungen nach einem Neubau anstatt der Sanierung des alten Schiffes laut und teilweise hitzig diskutiert. Mehrere Baustopps ließen zwischenzeitlich viele um das Schicksal des Schiffes bangen.

Die Marine hielt an ihrem Prinzip der Ausbildung auf einem Segelschulschiff fest. So hat die GORCH FOCK am Ende all diese Wirren und Turbulenzen überstanden. Sie verließ die Werft in gewohnter Silhouette – aber in strahlend neuem Glanz, quasi wie „Phoenix aus der Asche“ – und wird künftig wieder die Weltmeere unter Segeln befahren. Auch in Sachen technische Ausstattung, und darum soll es hier gehen, ist so gut wie alles neu oder zumindest generalüberholt – egal ob man in die Maschine, auf die gesamte Sanitärinstallation, die Kombüse, die IT-Ausstattung, oder auf die elektronische Ausrüstung für Navigation und Kommunikation blickt. Etliche Veränderungen, Umbauten und Nachrüstungen in der Technik hat es immer wieder im Lauf der vergangenen 65 Jahre seit der Indienststellung des Schiffes gegeben. Was nach wie vor geblieben ist, das sind die Hängematten, in denen die Kadetten auch künftig schlafen werden. Das aber gehört zur Philosophie der Ausbildung und steht daher auf einem ganz anderen Blatt.

Rückblick

Mitte der 50er-Jahre wurde das Segelschulschiff als Schulungsplattform für den Offiziersnachwuchs der damals noch ganz jungen Bundesmarine geplant und auf der Werft Blohm & Voss in Hamburg gebaut. Die Idee, den jungen Kadetten auf einem Segelschiff die Elemente hautnah zu vergegenwärtigen und ihnen gleichzeitig zu vermitteln, dass zum einen Entbehrungen und Kameradschaft und zum anderen Teamgeist

… wird seit der großen Instandsetzung von einer Bronzetafel der Lürssen-Werft ergänzt.

die Maße aller Dinge sind, war nicht neu – sie hatte sich in vorangegangenen deutschen Marinen bestens bewährt.

Die technische Ausrüstung des neuen Segelschulschiffes war natürlich dem Standard der damaligen Zeit geschuldet, aber unabhängig davon auch bewusst spartanisch gehalten. Alles sollte in gemeinsamer Handarbeit geschehen. An dieser Grundidee hat sich bis heute nichts geändert, hinsichtlich des Equipments tat sich hingegen eine ganze Menge in den zurückliegenden Dekaden. Teils durch technologische Weiterentwicklungen, teils auch durch heute liberalere Sichtweisen in Bezug auf notwendige Härten in der Ausbildung.

Blick auf die neue Antriebsmaschine.

Keine Angst vor der Flaute

Ein Segelschulschiff soll segeln – das sagt schon der Name. Dennoch wurde die neue Gorch Fock von vornherein auch mit einem Hilfsdiesel als Antriebsmaschine ausgerüstet. Ein Luxus, den es beispielsweise auf der „Pamir" nicht gegeben hatte, sieht man von dem nachträglichen Einbau eines als Manövrierhilfe im Hafen gedachten Hilfsdiesels im Jahre 1951 einmal ab. Führt man sich aber vor Augen, dass die Gorch Fock als Marineschiff bei ihren Auslandsreisen natürlich diplomatischen Regeln unterworfen sein würde und sich daher auch an feste Zeitpläne würde halten müssen, war der Einbau eines Motors eine völlig logische Maßnahme. Mit seinen sechs Zylindern und gerade mal 880 PS war der M.A.N.-Viertakt Diesel tatsächlich nur ein Hilfsantrieb – von der Besatzung liebevoll „Flautenschieber" genannt. Bedient wurde er nach alter Manier von der Brücke mittels eines Maschinentelegrafen. Seine Kraft war durchaus begrenzt und bei starkem Wind von vorne und dem nicht unerheblichen Windwiderstand der Takelage konnte es schon mal passieren, dass bei voller Leistung keine Seemeile gewonnen werden konnte, das Schiff im Gegenteil Fahrt über den Achtersteven machte, sprich – rückwärts fuhr. Im Englischen Kanal mit seiner starken Düsenwirkung ist dies mehr als nur einmal passiert.

1991 wurde der alte Motor demontiert und durch einen modernen Deutz-MWM-Diesel vom Typ BV6M 628 ersetzt. 1660 PS realisiert der Sechszylinder, also etwa die doppelte Leistung. Ergänzt wurde die neue Anlage zwei Jahre später noch durch eine neue Antriebswelle und – im Tausch gegen den bisherigen Festpropeller – einen neuen, effektiveren Verstellpropeller. Dessen großer Vorteil besteht darin, dass die Welle sich immer nur in einer Richtung dreht und die Steigung der Blätter gegenüber einem Festpropeller stufenlos an der Nabe verstellbar sind. Für ein Rückwärtsmanöver muss sie nicht mehr zunächst angehalten, umgesteuert und dann anders herum neu gestartet werden, was sehr viel Zeit kostet, die man im Manöver häufig nicht hat. Zusätzlich ergänzt wurde die Anlage durch je einen Fahrstand in beiden Nocken der Brücke. Von dort kann seither die Maschine durch elektrische und pneumatische Steuerung, quasi per Joystick, direkt bedient werden – für

Der Außenfahrstand in der Backbord-Nock der Kommandobrücke um die Jahrtausendwende.

Rechts oben:
Das fertige Führungsrohr mit Propeller der Querschubanlage.

Rechts unten:
Der Schiffsbug mit beidseitigen Öffnungen der QSA.

den jeweils fahrenden Brückenoffizier eine erhebliche Erleichterung und größere Sicherheit beim Manövrieren.

Der Motor wurde in der jüngsten Werftperiode generalüberholt und ist praktisch fabrikneu. Gleiches gilt für die Steuerung der Anlage aus den beiden Außenfahrständen in den Brückennocken, die modernisiert und auf den neuesten Stand der Technik gebracht worden sind. Daneben gibt es den eben erwähnten Maschinentelegrafen aus optischen, aber auch aus Gründen der Redundanz übrigens immer noch.

Manövrierhilfen wie zum Beispiel Querstrahlruder – auch Querschubanlagen, kurz QSA ge-

Den Maschinentelegrafen – nachts natürlich illuminiert – gibt es immer noch.

nannt – sind heute bei jedem Handelsschiff, bei jeder Fähre, bei jedem Kreuzfahrer und teilweise auch bei größeren Jachten „State of the Art" – nicht so bei der Marine und auch nicht auf der Gorch Fock, zumindest nicht bis zum Jahr 2000. Zum Manövrieren im Hafen benötigte die Bark bis dahin grundsätzlich immer zwei Schlepper zur Unterstützung.

Nach entsprechenden technischen Überlegungen wurde im Jahr 2001 ein Meilenstein gesetzt. Die Gorch Fock bekam im Rahmen einer großen Werftzeit ein Bugquerstrahlruder eingebaut, das ebenfalls aus den Fahrständen in den Brückennocken per Joystick direkt bedient wird. In Sachen Manövrierfähigkeit ein Quantensprung. Auch an dieser Stelle modernisierte man die Elektrik und die Steuerung. Die Bedienung der QSA kann nun ohne das bislang notwendige und immer mit Zeitverlust verbundene Umschalten aus beiden Nocken quasi gleichzeitig bedient werden.

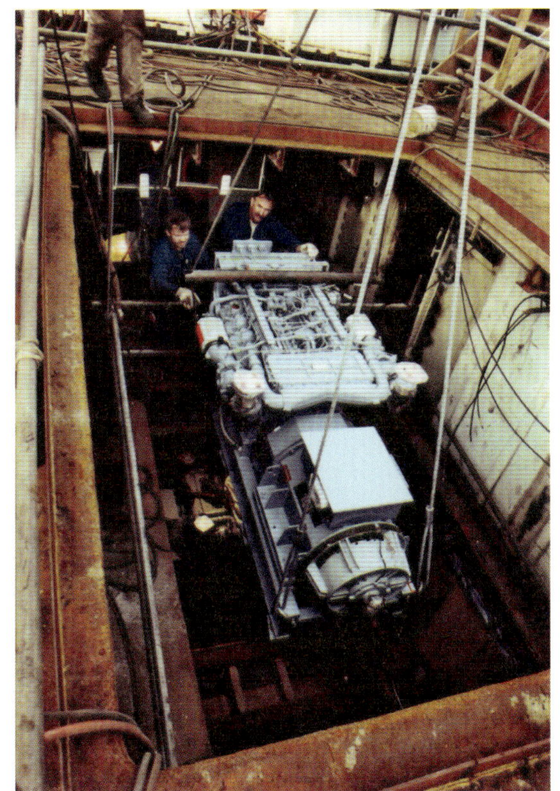

Blick in das modernisierte E-Werk.

Nichts geht ohne elektrischen Strom – auch nicht auf einem weitgehend manuell betriebenen Segelschulschiff. Tief im Inneren des Schiffes gab es von Anfang an ein E-Werk, in dem drei Dieselmotoren mit jeweils einem aufgeschalteten Generator für die Stromversorgung des gesamten Schiffes sorgten. Deutlich in die Jahre gekommen, wurde die gesamte alte Technik im Rahmen der Werftliegezeit im Jahr 2001 aus dem Schiff genommen und durch drei neue Aggregate nebst moderner Schalttafel ersetzt. Auch dieses Gesamtsystem wurde jüngst generalüberholt und ist wieder fit für die nächsten Jahre.

Ungeliebter Stockanker

Jedes Schiff verfügt über mindestens einen Anker, die Gorch Fock hatte und hat derer zwei. Am Anfang waren das ein moderner Hall´scher Patentanker, kurz Hallanker, und ein traditioneller, aber im Grunde antiquierter Stockanker. Letzterer war hauptsächlich aus ausbildungstechnischen Gründen an Bord. Dieser sogenannte „Admiralitätsanker" wurde über das handge-

Links:
Der Einbau der neuen E-Diesel erfolgte von oben durch mehrere dafür geöffnete Decks.

Der ehemalige Stockanker auf dem „Schweinsrücken" auf dem Vorschiff.

Rechts unten: Das achtere Gangspill zwischen Deckshaus und Notruderstand ist heute motorisiert.

Der Anker wird mittels des auf Handbetrieb umgeschalteten Gangspills von jeweils 30 Kadetten „aufgelaufen". In der Mitte auf dem Spillkopf ein Akkordeonspieler, der den Takt angibt.

triebene Gangspill eingeholt, was für immer 30 Kadetten gleichzeitig schweißtreibende Arbeit darstellte. Er war daher nicht sehr beliebt und der Umgang mit diesem Ungetüm von Anker war auch nicht ganz ungefährlich. So muss man beinahe von Glück reden, dass sich dieser Anker Ende 1983, fast genau zum 25. Geburtstag des Schiffes, vor Helgoland in einem alten Seekabel verfangen hatte und mitsamt einer Kettenlänge geslippt werden musste. Im Klartext - er musste von der Kette getrennt und fallen gelassen werden. Abgesehen davon, dass dieser Anker später von einem Minensuchboot der Marine geborgen wurde und seitdem als Schmuck und sichtbares Zeichen der Patenschaft zwischen schleswig-holsteinischem Landtag und dem Schiff vor dem Landeshaus in Kiel liegt, war man an Bord eher froh, ihn los zu sein. Er wurde durch einen zweiten Hallanker ersetzt, der im Handling erheblich einfacher ist und der, ganz nebenbei, ebenso gut wie der alte Stockanker auch mittels des auf Handbetrieb umschaltbaren Spills eingeholt werden kann.

Ganz am Rande sei bemerkt, dass das achtere, also das hintere Gangspill der Gorch Fock anfangs überhaupt keinen Motor besaß. Das führte dazu, dass dieser Eisenklotz diverse Male schlicht zur Nutzlosigkeit verdammt war und dann zu allem Überfluss auch noch immer im Weg stand. Aus dieser Erkenntnis heraus wurde Ende der 80er-Jahre ein Motor nachgerüstet. Seitdem ist auch diese Anlage bei vielen Manövern eine wertvolle Unterstützung.

Ökologische Aspekte im Blick

Diverse weitere Betriebsanlagen wurden im Laufe der Jahre ebenfalls modernisiert oder auch nachgerüstet – sei es der nachträgliche Einbau eines sich bei Stromausfall automatisch zuschaltenden Notstrom-Aggregates oder Ende der 80er-Jahre der Ersatz des alten, kaum mehr funktionsfähigen Frischwassererzeugers durch zwei zeitgemäße leistungsfähige Systeme. Nicht zuletzt unter Umweltschutzaspekten betrachtet kann man hierzu auch den Einbau einer Müllpressanlage sowie einer modernen Vakuum-Toilettenanlage in Verbindung mit einer Fäkaliensammelzelle Anfang 2001 aufzählen. Alle diese Komponenten, darunter auch die an Bord befindliche zentrale Heizung und die Klimaanlage sowie diverse Pumpen und weitere Nebenaggregate, wurden jüngst generalüberholt sowie das gesamte Rohr- und Leitungssystem im Schiff erneuert.

Einbau der Vakuum-Toilettenanlage und des Abwassersammeltanks durch die an mehreren Stellen geöffnete Bordwand.

Auch unter materialtechnischen Gesichtspunkten sind manche Entwicklungen nicht spurlos an der Gorch Fock vorbeigegangen. Lange Zeit

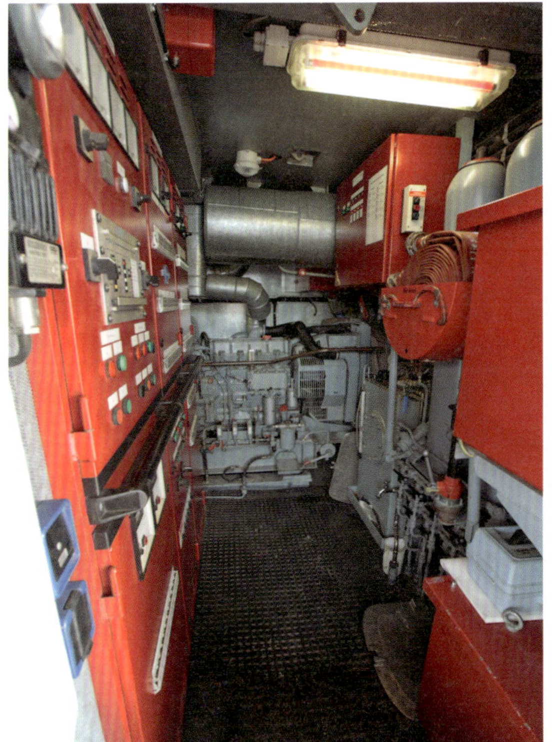

Asbestsanierung in der Kombüse.

Links: Notstromaggregat im vorderen Deckshaus.

Rechts: Bedienung des Koffiegrainers.

wurden auf allen Schiffen größere Mengen Asbest verbaut, so auch auf dem Segelschulschiff. Nach der Erkenntnis, dass dieser Werkstoff zwar einen sehr guten Brandschutz bietet, aber hochgradig gesundheitsschädlich ist, wurde Anfang 1991 das gesamte Schiff mit großem Aufwand von diesem Material befreit. Einige damals nicht entdeckte oder nicht zugängliche Restmengen wurden in der jüngsten Werftliegezeit endgültig beseitigt.

Masten, Segel, Takelage ...

Auch die Segel haben sich verändert, wenngleich sie natürlich kaum als schiffstechnische Anlagen betrachtet werden können. Trug die Takelage anfangs Segel aus Naturfaser, die recht schwer und insbesondere bei Nässe gleich noch schwerer waren, so wurde im Jahre 1978 erstmalig ein neues Segelstell aus Kunstfasersegeln beschafft und während einer Island-Reise im Wechsel mit den alten Naturfaser-Segeln angeschlagen. Diese hatten nur noch etwa ein Drittel des Gewichts und sprachen folglich auch leichter schon auf schwache Winde an. Die Tücher wurden bei Nässe nicht schwerer, weil sie sich nicht vollsogen und waren obendrein deutlich haltbarer. Heute sind Segel aus Kunststoff nicht mehr wegzudenken, sie haben die alten Segel aus Naturfaser komplett verdrängt. Was auch im Zeitalter moderner Materialien der Segel geblieben ist, das ist die gute alte Nähmaschine in der Segellast tief unten im Schiff. Die Reparatur von beispielsweise im Sturm beschädigten Segeln ist angesichts der robusten und derben Stoffe mühevolle Handarbeit.

Der Segelmacher hat eine starke Nähmaschine, muss aber vieles auch in Handarbeit erledigen.

In der Takelage hat sich ansonsten in den mehr als 60 Jahren seit der Indienststellung des Schiffes im Grunde überhaupt nichts verändert. Abgesehen von ursprünglich insgesamt vier manuell zu bedienenden Brasswinden mit dem klingenden Namen „Koffiegrainer“ zum Steifsetzen einzelner Brassen bei stärkeren Winden, die irgendwann in der zweiten Hälfte der 80er-Jahre in die Nagelbänke eingebaut wurden. Zwei dieser Winden sind bis heute geblieben.

Safety first!

Zwei Dinge sind es, vor denen jeder Seemann die meiste Angst hat: Wasser im Schiff und Feuer an Bord. Nicht umsonst wird jedes Wasserfahrzeug so gebaut, dass es möglichst viele wasserdichte Abteilungen hat und auch in allen Bereichen ausreichend Feuerlöschpumpen und Löschwasseranschlüsse besitzt.

Regelmäßig werden an Bord Feuerlöschübungen durchgeführt.

Über wasserdichte Abteilungen verfügte die Gorch Fock von Beginn an. Allerdings bestand immer das potenzielle Problem, dass sich die Wohndecks der Kadetten über vier Abteilungen in der Mitte des Schiffes erstreckten und diese in aller Regel durchgängig hätten offen sein sollen. Ein Umstand, der in den 30er-Jahren auf der „Niobe" in ähnlicher Form bestand und der letztlich zum Verlust des Schiffes und zum tragischen Tod von 69 Mann der Besatzung führte. Vor dem Hintergrund dieser Erfahrung waren die Kadettendecks der Gorch Fock zumindest einmal in der Mitte hermetisch getrennt. Hierbei handelte es sich rein verkehrstechnisch um eine ausgesprochen schlechte Lösung, weil manche Wege nur über das Oberdeck möglich waren – völlig ungeachtet des Wetters. Langen diesbezüglichen Überlegungen folgte 1985 der Einbau von mehreren sogenannten Rollschotten zwischen den Kadettendecks. Hierbei handelt es sich um schwere Schiebetüren mit wasserdichter Verriegelung in geschlossenem Zustand, die im Bedarfsfall per Fernsteuerung von der Brücke aus geschlossen werden können. Fortan war das Problem der Verkehrswege gelöst und die wasserdichte Unterteilung des Schiffes trotzdem gesichert.

Da speziell Maschinenräume besonders feuergefährdet, im Brandfall aber extrem schwer zu

Wasserdichte und ferngesteuerte Rollschotten zwischen den Kadettendecks.

Rechts:
Aussetzen des Ruderkutters früher.

löschen sind, erhielt die Gorch Fock in den 80er-Jahren eine moderne, per Fernsteuerung zu aktivierende zentrale Halon-Feuerlöschanlage – zu diesem Zeitpunkt eine große Errungenschaft. Dem Halon war ein ähnliches Schicksal wie dem Asbest beschieden. Es erwies sich als hochgradig gesundheitsschädigend. Folglich musste die Anlage wieder deinstalliert werden. 1995 wurde sie durch eine CO2-Anlage ersetzt, die auch heute nach wie vor in Betrieb ist.

Ebenfalls in den Bereich der Sicherheit gehört auf jedem Schiff die Ausrüstung mit mindestens einem, im Idealfall mehreren Rettungsbooten. Alternativ oder ergänzend werden heutzutage meist selbstaktivierende Rettungsinseln verwendet, so auch an Bord der Gorch Fock. Um bei Bedarf eine über Bord gefallene Person zu bergen, sind Rettungsboote trotzdem unverzichtbar. Genau diese sind – für den Laien sicherlich nicht ganz verständlich – Anfang 2007 aus Gewichtsgründen von Bord genommen worden. Auch ihre Halterungen, die sogenannten „Davits", ließ man im gleichen Zuge entfernen.

Aus- und Einsetzen des Schlauchbootes heute.

Was war geschehen? Ursprünglich war die Bark mit zwei motorisierten Beibooten sowie zwei Riemenkuttern, also Ruderbooten ausgerüstet. Sie waren ähnlich dem verloren gegangenen Stockanker aus ausbildungstechnischen Gründen ohne maschinelle Unterstützung zu bedienen, andererseits nicht ungefährlich in der Handhabung. Genau diese waren aber die Rettungsboote, weil nur sie schnell zu Wasser gelassen werden konnten. Anfang der 80er-Jahre wurden alle vier Boote von Bord genommen, die beiden bisherigen Riemenkutter aber gleichzeitig durch zwei Motorkutter ersetzt. Damit war in Sachen Rettungsboote deutlich mehr Handhabungssicherheit erreicht. Gleichwohl blieb das Aus- und Einsetzen dieser Motorkutter recht umständlich, sehr personalaufwändig und auch nicht ungefährlich, zumal diese Motorkutter deutlich schwerer waren als die ursprünglichen Riemenkutter.

Nicht zuletzt aus diesem Grund wurde in den 90er-Jahren ein zusätzliches Schlauchboot mit Außenbordmotor eingerüstet, dem Anfang des

neuen Jahrtausends ein zweites folgte. Diese Boote sind erheblich einfacher, sicherer und auch deutlich schneller in der Handhabung als die schweren Kutter. Sie haben die Rolle der Rettungsboote komplett übernommen. Insofern stört die Entfernung der beiden traditionellen Kutter samt ihren Davits möglicherweise das Auge des Betrachters, doch waren sie verzichtbar geworden. Durch ihren Ausbau haben sie eine erhebliche Gewichtsreduzierung im erhöhten Bereich bewirkt und den Schwerpunkt des Schiffes wieder etwas nach unten korrigiert – generell und ganz besonders für ein Segelschiff ein wichtiges Sicherheitskriterium.

In luftiger Höhe …

Wo es an Bord der Gorch Fock mit ganz besonderem Augenmerk um Sicherheit geht, das ist die Takelage. Technisch hat sich dort, wie bereits erwähnt, seit der Indienststellung im Grunde nichts verändert – sicherheitstechnisch aber sehr wohl. Zum Arbeiten an den Segeln, im Wesentlichen zum Los- und Festmachen der Tücher, muss die Mannschaft über die Wanten in die Masten aufentern. Anschließend legen sie auf die Rahen bis zur jeweiligen Arbeitsstation aus. Dort wird sich mittels eines Karabinerhakens an der Rah gesichert, um beide Hände zum Arbeiten frei zu haben. Der Weg bis zur Arbeitsstation musste über lange Jahre ohne jede Sicherung bewältigt werden, wobei dafür durchgehend beide Hände zum Festhalten zur Verfügung standen.
Das hat sich zumindest teilweise geändert. Befeuert durch den tragischen Tod einer jungen Kadettin nach ihrem Sturz vom Großmast 2010, installierte die Deutsche Marine in den Folgejahren zusätzliche Sicherheitseinrichtungen in der Takelage. Für den Umstieg aus den Wanten auf die Rahen und auch für das Auslegen auf den Rahen wurden stabile Stander montiert, in die sich die Kadetten für den jeweiligen Teil des Weges

Der Umstieg aus den Wanten auf die Marssaling, und umgekehrt, geschieht für eine kurze Kletterstrecke hängend.

einpicken, also mittels Karabinerhaken sichern können. Gleiches gilt für den Umstieg auf die Salings, die Plattformen in den Masten. Dieses kleine Teilstück stellt für viele Neulinge an Bord zumindest anfangs eine große Herausforderung und Überwindung dar, weil dort ein kurzes Stück mehr oder weniger hängend geklettert werden muss, bevor man sich über die Kante der Saling auf dieselbe hochziehen kann. Auch dort sind Stander als Überstiegssicherungen angebracht worden. Lediglich der rein vertikale Weg in den Wanten geschieht nach wie vor ohne zusätzliche Sicherung, weil es bisher niemandem gelungen ist, dafür eine technische Lösung zu erfinden, die im Alltag auch praktikabel ist.
Nebenbei sei an dieser Stelle erwähnt, dass auch die persönliche Sicherheitsausrüstung jedes einzelnen an Bord inzwischen eine andere geworden ist. In früheren Zeiten bekam jeder, der in die Takelage musste, ein sogenanntes Lifebändsel gestellt, was nichts anderes war als ein Stück Leine mit einem an einem Ende eingespleißten Karabinerhaken. Diese wurde um die Taille ge-

Das moderne Gurtsystem bietet gute Sicherheit.

legt und mit einem speziellen Knoten gesichert. Prüfzertifikat – Fehlanzeige!

Die Lifebändsel sind gänzlich verschwunden. Mitte der 90er-Jahre wurden sie durch ein Gurtsystem ersetzt, das jedem Kadetten individuell angepasst wird, damit es sicher sitzt. Dieses Gurtsystem verfügt über zwei Karabinerhaken, was eine erheblich größere Sicherheit bietet, sowie zusätzlich über eine Noteinrichtung, mit der im Falle eines Unfalls hoch oben in der Takelage der oder die Betroffene sicher an Deck abgeseilt werden kann. Diese Gurte brachten deutlich mehr Sicherheit, geprüft waren sie aber immer noch nicht. Erst im Zusammenhang mit der Installation zusätzlicher Sicherheitseinrichtungen in der Takelage 2012 wurden die Gurte erneut eingezogen und durch neue ersetzt. Diese sahen ganz ähnlich aus, waren aber in vielerlei Hinsicht weiterentwickelt und sind seitdem auch mit einem Prüfzertifikat versehen.

Die Bergung einer verletzten Person aus der Takelage steht regelmäßig auf dem Trainingsprogramm.

Elektronische Ausrüstung

Auch wenn die Gorch Fock ein Segelschulschiff ist, auf dessen Planken es per Definition um das seemännische Handwerk geht, so hat doch das Informationszeitalter mit seinen vielen elektronischen Heinzelmännchen auch hier an Bord schon lange Einzug gehalten. Los ging diese Entwicklung in den frühen 80er-Jahren mit dem Einbau einer Satelliten-Navigationsanlage, kurz Sat-Nav, die mit dem heute bekannten GPS zwar noch nicht vergleichbar, aber zu jener Zeit eine revolutionäre Errungenschaft war. Zwischenzeitlich wurde sie längst durch ein GPS-System verdrängt, das auf der Gorch Fock seitdem zentrales Element der gesamten Navigation ist. Die jüngste Werftzeit hat in dieser Hinsicht erneut einen Generationswechsel mit sich gebracht, indem eine dem heutigen Standard entsprechende Sat-Nav-Anlage neu eingerüstet wurde.

Die aktuelle Navigation wird seit mehreren Jahren nicht mehr per Seekarte, Dreieck, Zirkel und Bleistift, sondern mithilfe einer elektronischen Seekarte, unter Seeleuten als ECDIS bekannt, gemacht – natürlich GPS-unterstützt. Diese klassischen handwerklichen Elemente werden

Aktuell: moderne Navigationssysteme im Kartenhaus.

aber, genau wie die turnusmäßige Positionsüberprüfung mittels Sextant, schon aus Sicherheitsgründen vermutlich nie ganz aussterben – elektrischer Strom kann ausfallen und dann sind Redundanz und handwerkliches Knowhow schlagartig wieder gefragt und wichtig. Das Schiffstagebuch, in der Regel besser als Logbuch bekannt, das von der jeweiligen Seewache handschriftlich geführt wird, dürfte im Übrigen kaum der Digitalisierung zum Opfer fallen und immer analoges Dokument bleiben.

Über den Horizont geblickt

In den Jahren 1987/88 ging die Gorch Fock auf ihre bis dahin längste und spektakulärste Reise – einmal rund um den Globus. Um der Problematik, das Schiff auf der anderen Seite der Weltkugel fernmeldetechnisch nicht erreichen zu können, entgegenzutreten, wurde an Bord eine Funkanlage für Satelliten-Kommunikation eingerüstet, die sich in der Praxis dann auch

Die Sat-Kom-Antennen befinden sich achtern im Besanmast.

Rechts:
Das Kartenhaus mit Radargeräten der zweiten Generation, rechts mit ARPA-Aufsatz.

Das Kartenhaus mit ECDIS-Anlage und Radargeräten der dritten Generation.

leidlich bewährt hat. Gut zehn Jahre später, 1998, wurde diese dann durch eine modernere Sat-Kom-Anlage ersetzt. Seit diesem Moment – quasi als angenehmer Nebeneffekt – verfügt das Schiff über eine eigene E-Mailadresse. Auch für diesen Bereich hat die zurückliegende Werftzeit einen Generationswechsel bewirkt, indem die bisherige Ausrüstung durch eine dem heutigen Stand der Technik entsprechende und auch leistungsfähigere ersetzt wurde.

Ebenfalls 1998 wurde die Gorch Fock ans GMDSS, das Global Maritime Distress and Safety System, angeschlossen, ein weltweites Seenot-Meldesystem, dem auch sämtliche Schiffe und Boote der Deutschen Marine angeschlossen sind. Radaranlagen gibt es im Kartenhaus der Gorch Fock bereits seit Indienststellung 1958, aus Redundanzgründen derer immer zwei. Daran hat sich auch sechs Dekaden später nichts geändert. Allerdings steht an gleicher Stelle inzwischen die fünfte Generation Radargeräte – natürlich kombiniert mit GPS. Die heute nicht mehr wegzudenkenden ARPA-Funktion – im Langtitel Automatic Radar Plotting Aid – zur automatischen Berechnung möglicher Kollisionen gibt es bereits seit dem ersten Generationswechsel 1983, damals ebenfalls eine echte Errungenschaft. Diese Fähigkeit wurde durch einen eigens dafür entwickelten ARPA-Aufsatz zum Radar erreicht. Heutzutage ist dieses Feature integraler Bestandteil der Software eines modernen Radars und bedarf keines solchen Aufsatzes mehr.

Längst navigiert die Schiffsführung auf Basis der GPS-gestützten elektronischen Seekarte.

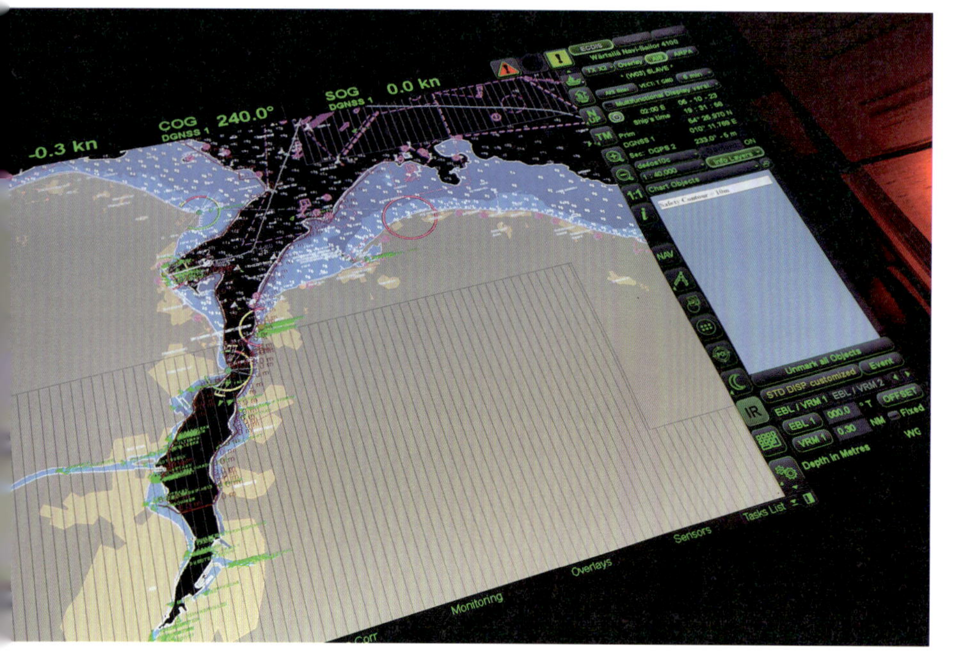

Sowohl für das Radar als auch für die bereits erwähnte ECDIS-Anlage wurden jüngst zusätzliche Tochteranzeigen in die beiden Außenfahrstände in den Brückennocken integriert, so dass der jeweils fahrende Wachoffizier nicht mehr, wie bisher, für jeden Blick in die Karte oder ins Radar gezwungen ist zwischen Brücke und Kartenhaus hin- und herzulaufen.

Das Wetter auf See ist eines der wichtigsten Kriterien, wenn es darum geht, ein Segelschiff verantwortungsvoll zu führen. Das gilt für alle motorgetriebenen Schiffe und Boote, für einen Segler aber in besonderer Weise. Aus diesem Grund wird an Bord der Gorch Fock zu jeder Reise auch immer ein in Sachen Seewetter erfahre-

Die Außenfahrstände erleichtern heute vieles.

ner Meteorologe eingeschifft. Dieser benötigt für qualifizierte Vorhersagen entsprechende Daten. Diese wurden lange Zeit mehrmals täglich als Datensätze für unterschiedliche Seegebiete per Funk bereitgestellt. Der Wetterexperte musste nach Auswertung dieser Datensätze die Isobaren, Fronten, Temperaturen, etc. mittels Buntstiften in spezielle Karten eintragen und war so in der Lage, der Schiffsführung eine fundierte Wettervorhersage bereitzustellen. Aus heutiger Sicht natürlich ein sehr mühsames Verfahren.

Irgendwann – der Zeitpunkt ist nicht genau nachvollziehbar – wurde im Kartenhaus ein Wetterkartenschreiber eingerüstet. Ein echtes Ungetüm, für den Meteorologen aber ein Riesen-Fortschritt, weil dieses Gerät die übermittelten Wetterdaten direkt umsetzte und fertig gezeichnete Wetterkarten ausstieß. Heute ist auch diese technische Erleichterung längst Geschichte. Wie vieles andere ebenfalls, so sind auch meteorologische Fakten und Prognosen heute per Internet in Form fertiger Wetterkarten jederzeit abrufbar.

Die Liste der Neuerungen in der elektronischen Ausrüstung ließe sich beliebig fortsetzen, würde aber jeden Rahmen sprengen. Die wichtigsten Dinge sind genannt. Last, but not least sei aber

Der Meteorologe benötigt heute nur noch ein Laptop.

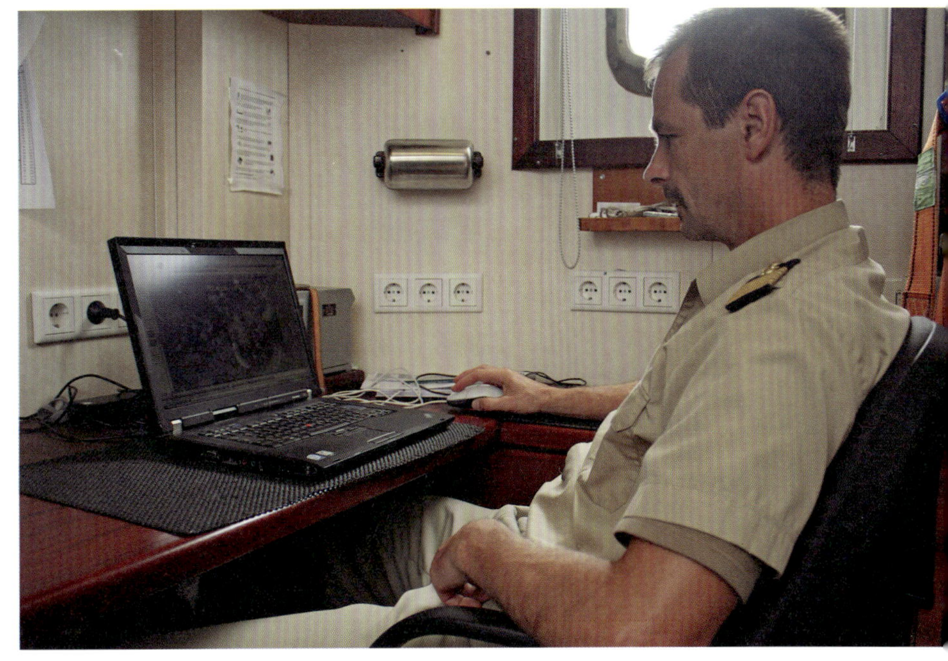

noch erwähnt, dass die Bark seit 2001 über ein internes IT-Netzwerk verfügt. Dieses wurde im Laufe der folgenden Jahre immer weiter ausgebaut. Es stellt natürlich für die gesamte schiffsinterne Administration eine Arbeitserleichterung nach heute üblichem Standard dar, passt aber ganz nebenbei auch in die folgende Rubrik.

Lebensräume der Besatzung

Das Los des Seemannes war immer schon ein recht hartes und von vielen Entbehrungen geprägtes. Lange Zeit war dies auch Teil der Philosophie in der Ausbildung und Erziehung des Offiziernachwuchses in der Marine. Dies galt in den 50er- und 60er-Jahren und hat im Grunde auch heute noch eine hohe Bedeutung. In vielerlei Hinsicht wird dieses Thema aber heutzutage – zum Glück – doch erheblich entspannter gesehen. Die Lebensbedingungen an Bord der Gorch Fock sind zwar nach wie vor von extremer Enge und mancherlei Entbehrungen geprägt, doch sind sie durch diverse technische Nachrüstungen im Lauf der Zeit erleichtert worden, und das zum Teil erheblich.

Körperpflege an Oberdeck bis in die 80er-Jahre.

Davon betroffen sind einfache Dinge wie die tägliche Körperpflege. Dazu benötigt man Wasser, was aber an Bord immer eine knappe Ressource war – zumal das Frischwasser in den Tanks unten im Schiff auch in der Stabilität eine Rolle spielte und nie ganz verbraucht werden durfte. Bis in die 80er-Jahre war daher der Wasserverbrauch an Bord der Gorch Fock streng rationiert. Duschen durfte jeder Mann der Besatzung nur einmal in der Woche. Die Kadetten trafen sich jeden Morgen an Oberdeck und bekamen zum Waschen etwas Wasser in einer Plastikschüssel. Ein Verfahren, das heute kaum mehr denkbar ist. Die Stammbesatzung konnte zwar normale Waschräume nutzen, aber in Sachen Wassermenge ging es ihr nicht besser. Spätestens seit dem Einbau der eingangs erwähnten neuen Frischwassererzeuger 1989 wurde dieser alte Zopf abgeschnitten. Fortan gab es im Grunde kaum noch Beschränkungen im Wasserverbrauch. Allerspätestens seit dem jüngsten Einbau eines neuen Frischwassererzeugers mit einer Tagesleistung von rund 60 Kubikmetern gibt es heute keinerlei Einschränkungen mehr. Die gab es früher übrigens auch nicht – vorausgesetzt, man begnügte sich mit Salzwasser!

War das Problem der Wasserknappheit gelöst, trat in ähnlicher Hinsicht fast gleichzeitig eine neue Herausforderung auf. Ebenfalls im Jahr 1989 wurden erstmals weibliche Kadetten eingeschifft – anfangs nur angehende Ärztinnen, Zahnärztinnen und Apothekerinnen in insgesamt kleiner Zahl, in der Regel acht bis zwölf Anwärterinnen. Natürlich musste eine Trennung der Sanitärräume her, für die das Segelschul-

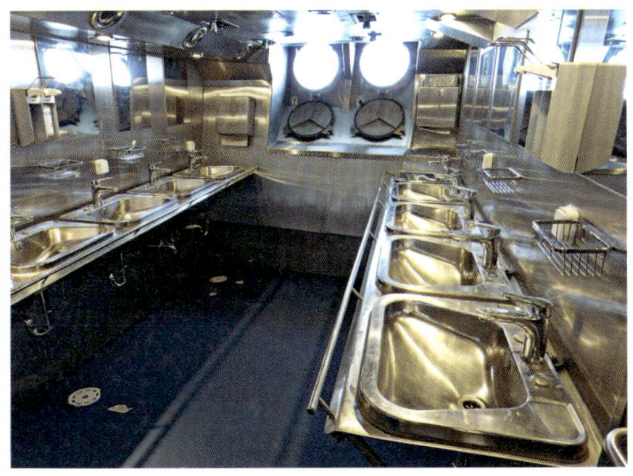

Links:
Die Waschräume heute.

schiff aber nicht gebaut war. Also wurde improvisiert und einer von jeweils zwei Wasch- und Toilettenräumen den weiblichen Kadetten zugeordnet, der jeweils verbliebene den männlichen. Letztere waren hinsichtlich ihrer Anzahl aber immer gut zehnmal so stark wie ihre Kameradinnen. So kam es dort regelmäßig zu Staus und Gedränge, was des Öfteren zu deutlichem Unmut führte.

Erst der Einbau einer kleineren Kammer im Bereich der Kadettendecks mit einer integrierten zusätzlichen Sanitärzelle für die jungen Damen Anfang 1993 schaffte hier spürbare Abhilfe. Ab 2001, als alle Laufbahnen in den Streitkräften auch für Frauen geöffnet wurden, erhöhte sich der Anteil der weiblichen Kadetten innerhalb einer Crew deutlich und der Engpass trat erneut auf. Abermals wurde improvisiert und das Problem organisatorisch gelöst. Im Rahmen eines weiteren Umbaus verschwand die ehemalige kleine Kammer für eine kleine Zahl von Anwärterinnen, und deren Unterbringungskapazität wurde insgesamt ausgebaut und den heutigen Verhältnissen angepasst. Auch die Sanitärräume wurden im gleichen Atemzug erweitert und sind heute kein Thema mehr.

Eine Kombüse hatte die Gorch Fock natürlich von Anbeginn. Die Ausgabe des Essens erfolgte aber immer durch Essensträger, die wechselnden Backschafter. Immer zwei Mann aus jeder Korporalschaft waren abwechselnd dafür eingeteilt, das Essen für ihre Kameraden aus der Kombüse zu holen. Die Mahlzeiten wurden in den Wohndecks an den jeweils aufzubauenden „Backen und Banken“, den Tischen und Bänken eingenommen – speziell bei schwerem Wetter keine ganz einfache Aufgabe. Dann wurde auch

Links unten:
Mit dem Beginn der Ausbildung von weiblichen Kadetten mussten an Bord umfangreiche bauliche Veränderungen vorgenommen werden.

Die zentrale Essenausgabe ersetzte die mühsame Backschaft.

Rechts: Die heutige Kombüse mit der Kippbratpfanne im Vordergrund.

das Essenholen für die Backschafter speziell der im achteren Bereich wohnenden Korporalschaften mitunter zur Gratwanderung, da sie wegen der bereits erwähnten hermetischen Trennung der Wohndecks immer einen gehörigen Weg über das freie Oberdeck bewältigen mussten. Mehr als einmal sind Backschafter samt ihrer „Barkasse", dem Essensbehälter, wetterbedingt unsanft im Wassergraben gelandet, wo die in ihr befindlichen Hühnerbeine, Kartoffeln und sonstige Leckereien dann im Sinne des Wortes baden gingen. Von den hungrig wartenden Kameraden der Korporalschaft wurde dies mit allem möglichen, aber beileibe nicht mit Lob quittiert. Im Zuge der Werftzeit Anfang 1985 erfolgte ein grundlegender Umbau. Parallel zum bereits erwähnten Einbau der Rollschotten zwischen den Kadettendecks wurden die beiden vorderen von insgesamt acht dieser Kadettendecks zu Mehrzweckräumen umgestaltet und mit festen Tischen und Bänken versehen. Diese wurden in Längsrichtung des Schiffes montiert, damit man die Tische bei Segelschräglage „brassen" beziehungsweise kippen und damit der Seitenneigung anpassen konnte, damit letztlich die Suppe im Teller blieb. Die Kombüse erhielt eine zentrale Essensausgabe und fortan war das Thema Essenseinnahme erheblich erleichtert.

Der Steuerbord-Mehrzweckraum.

In der Folgezeit ist die Kombüse noch mehrfach Baustelle gewesen, hat modernere Öfen, Herde und Kessel erhalten und wurde auch mit pflegeleichteren und somit hygienischeren Materialien ausgekleidet. Eins aber ist unverändert geblieben: die kardanisch aufgehängte Kippbratpfanne – damit auch bei starker Segelschräglage für über 200 hungrige Seemannsmäuler Schnitzel, Steaks oder Frikadellen gleichzeitig gebraten werden können.

Ganz nebenbei wurde im Zuge dieses Umbaus auch eine Geschirrspüle mit eingerüstet, welche die bisherige Praxis des Spülens von Hand an Oberdeck ebenfalls überflüssig machte. Ein weiterer Faktor ist hingegen trotz Modernisierung unverändert geblieben: Das Potacken drehen, wie der Marinejargon das Kartoffeln schälen benennt. Diese seit gut sechs Jahrzehnten verhasste Nebenbeschäftigung aller Segelwachen geschieht weiterhin von Hand und wird wohl unbeliebt bleiben. Eine moderne Kartoffelschälmaschine würde sicher auch noch ihren Platz finden, aber die eine oder andere Gemeinschaftsleistung gehört eben zur Philosophie der Segelschulschiffs-Ausbildung. „Zivilberuflicher" Nebeneffekt – schon manch einer hat auf der Gorch Fock dauerhaft gelernt, wie man Kartoffeln schält.

Bis in die 80er-Jahre verfügte das Segelschulschiff nur über eine einzige Waschmaschine, die in der Hauptsache für Tischwäsche, Handtücher und die Arbeitskleidung des Kombüsen- und des Maschinenpersonals genutzt wurde. Ihre Kapa

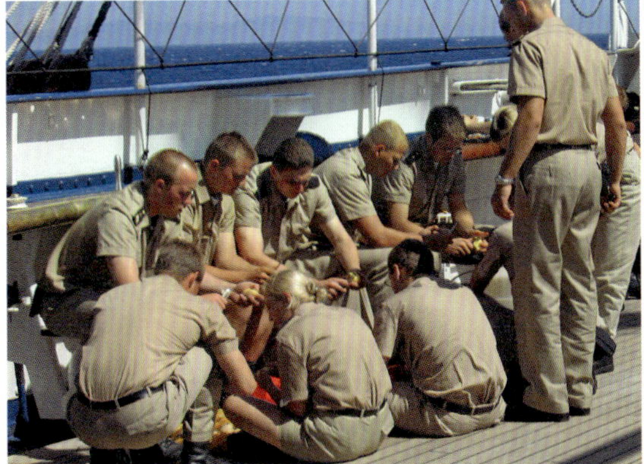

zität war damit erschöpft. Das bis dahin genutzte derbe Drillichzeug der Kadetten, die sogenannten Takelpäckchen, wurde im Rahmen des samstäglichen Reinschiffs regelmäßig an Oberdeck per Schrubber und Schmierseife gewaschen. Alles andere konnte immer erst im nächsten Hafen in eine Reinigung oder Wäscherei gegeben werden. Irgendwann in den 80er-Jahren wurde die Kapazität der Wäscherei durch Einbau mehrerer Waschmaschinen und Trockner erheblich vergrößert. Heutzutage kann jeder an Bord waschen, wenngleich dies auch nach wie vor nur mit einer klar festgelegten und streng überwachten Routine wirklich funktioniert.

Links:

Eine Korporalschaft beim Kartoffeln schälen.

Waschtag an Oberdeck in früheren Jahren.

Klimawandel an Bord

Den möglicherweise wichtigsten Punkt in Sachen Leben an Bord stellt das Thema Klimaanlage dar. Ursprünglich war das Segelschulschiff mit einer sogenannten Raumluftkühlanlage, der RALKAL, ausgerüstet. Diese blies Außenluft in die Wohndecks. Bei warmem und feuchtem Wetter, wie es beispielsweise in der Karibik vorherrscht, eine zweifelhafte Erleichterung – eigentlich gar keine. In diesen Gewässern hat man als Besatzungsmitglied sein Kojenzeug einmal nass geschwitzt – und dann 14 Tage lang nicht wieder trocken bekommen! Sofern die Wetterlage es zuließ, wurden zumindest die Hängematten der Kadetten an Oberdeck zum Lüften und Trocknen aufgespannt.

Wäschetrocknen an Oberdeck in früheren Jahren.

In den späten 80er-Jahren gab es dann für die Wohnbereiche jeweils stationäre Klimageräte, die – an der Decke installiert – zwar dauernd im Weg waren, aber für angenehmere Temperaturen sorgten. Nachteil: Bei stärkerer Schräglage wurde das Kühlmedium auf eine schiefe Ebene gezwungen, was regelmäßig dazu führte, dass diese Geräte keine Wirkung mehr erzielten, stattdessen aber die Wohnräume mit Kondenswasser nass tropften. Die Musterlösung gab es erst im Jahre 2001 – nach über 40 Jahren – mit

Eine leistungsfähige Klimaanlage tief unten im Bauch des Schiffes sorgt auch in den Tropen für angenehme Temperaturen.

Rechts: Vergrößerung des Schornsteins auf der Lürssen-Werft zur Aufnahme erweiterter Klimatechnik.

dem Einbau der heutigen zentralen Klimaanlage, die nicht mehr wegzudenken ist. In der jüngsten Werftzeit modernisierte man sie erneut und fragt sich heute, wie das früher eigentlich ging. Zwischendurch bemerkt, mag dem aufmerksamen Beobachter irgendwann aufgefallen sein, dass der Schornstein des Schiffes auf einmal erheblich größer geworden war. Diese Veränderung würde jeder vermutlich dem neuen Antriebsmotor zuschreiben, de facto war der zu diesem Zeitpunkt bereits zehn Jahre an Bord. Tatsächlich ging dieser Umbau mit dem Einbau der zentralen Klimaanlage einher. Rohrleitungen für einen großen Luftdurchsatz und der Einbau von entsprechenden Lüftermotoren nebst Schalldämmung machten diese Maßnahme erforderlich.

Digitale Kommunikation statt Postsack

In so ziemlich allen Lebensbereichen ist heutzutage die Verfügbarkeit und Nutzung von Laptop, Tablet, Smartphone und weiterer Informationstechnik eine absolute Selbstverständlichkeit. Ein Leben ohne diese elektronischen Alleskönner ist, speziell für die jüngeren Generationen, kaum vorstellbar – auch nicht auf einem Segler. So ist beispielsweise eine Amerika-Reise mit einer Atlantik-Überquerung verbunden. Diese startet man in der Regel auf den Kanarischen Inseln, um für den Westkurs Richtung Karibik die Winde des Nord-Ost-Passats zu nutzen. Dauer je nach Zielhafen rund drei Wochen. Noch in den 90er-Jahren war das wichtigste Utensil einer solchen Reise der Postsack, der hoffentlich rechtzeitig im Zielhafen eingetroffen war. Dazwischen gab es für das einzelne Besatzungsmitglied keine Möglichkeit der Außenkommunikation, es sei denn als absolute Ausnahme im Falle von Notsituationen, beispielsweise bei Todesfällen in der Familie. Dies lief dann per Telegramm und über die bestehenden militärischen Kommunikationswege.

Wie im vorangegangenen Kapitel bereits erwähnt, wurde ab Anfang des Jahrtausends Stück für Stück ein IT-Netzwerk im Schiff installiert

und immer weiter ausgebaut und modernisiert. Davon profitieren nicht nur die gesamte Administration des Schiffes und auch die Ausbildung, sondern im Sinne von Betreuung auch die gesamte Besatzung. Mit Blick auf die unter diesem Aspekt erforderliche Außenkommunikation wurde jüngst neben der bereits erwähnten Sat-Kom-Anlage eine zusätzliche nur für Betreuungszwecke eingerüstet. Vom ungeduldigen Warten auf den Postsack im Auslandshafen spricht heute niemand mehr.

Resümee

Das Segelschulschiff Gorch Fock ist, wie der Name sagt, eine schwimmende Schule, um dem Offiziersnachwuchs der Deutschen Marine erste Seebeine wachsen zu lassen, um es mit dem Volksmund auszudrücken. Ob ein solches Element noch in die heutige, auch in der Seefahrt hoch technisierte Zeit gehört, darüber streiten selbst die Fachleute. Bisher hat das Schiff, ganz nebenbei seit mehr als 60 Jahren ständig und überall als „Botschafter unter weißen Segeln" – so der Titel eines zum 50-jährigen Jubiläum des Schiffes erschienenen Buches – unterwegs, alle Kritik und Kritiker schadlos überstanden. Wie er zu dieser Streitfrage steht, muss jeder Einzelne selbst entscheiden. Fakt ist aber, und auch das wurde bereits an anderer Stelle ausgiebig erläutert, dass gute Seemannschaft ein Handwerk ist und Handwerk gelernt werden will.

Dass die Gorch Fock über die Jahre eine Reihe an technischen Änderungen und nachträglichen Um- und Einbauten erfahren hat und nach Möglichkeit immer auf modernem technischen Standard gehalten werden soll, das steht auf einem ganz anderen Blatt und ist eigentlich eine Selbstverständlichkeit.

Fortschritt in der Technik dient natürlich auch dem Fortschritt in der Ausbildung. Diesen Prozess, den der Betrachter im Normalfall nicht erkennt, sieht man von dem Abbau der Beiboote einmal ab, dem interessierten Leser näher zu bringen, darum ging es in den vorangegangenen Zeilen.

Gorch Fock – Botschafterin unter weißen Segeln seit 1958.

Im Dial

Im Dialog mit Kapitän zur See Nils Brandt

Am 28. Juni 2014 übernahm Kapitän zur See Nils Brandt, damals im Rang eines Fregattenkapitäns, das Kommando über Deutschlands segelndes Schulschiff. In diese Zeit fällt der mit Sicherheit turbulenteste Lebensabschnitt der GORCH FOCK: Ein immer wieder verlängerter Werftaufenthalt, explodierende Kosten, Untreue- und Korruptionsvorwürfe, teils vernichtende Medienberichte sowie kontroverse Diskussionen in Politik und Gesellschaft. Die Existenz des Segelschulschiffes stand mehrfach auf der Kippe.

Herr Kapitän Brandt, 2834 Tage waren Sie Kommandant der GORCH FOCK, hatten dabei sinnbildlich schwerste Stürme abzuwettern. Sehen Sie sich innerhalb der Ahnenreihe mit ihren Vorgängern – im dramaturgischen Sinne – als eine tragische Figur?

Keinesfalls, ganz im Gegenteil. Ich darf vorwegschicken, dass ich bis heute ununterbrochen und ohne Einschränkungen hinter der GORCH

Der grundierte, noch nicht lackierte Schiffsrumpf wurde für die Verlegung in eine andere Werft vorübergehend schwimmfähig gemacht.

Kapitän zur See Nils Brandt im winterlich verschneiten Trockendock, sitzend auf dem Backbord-Anker der Gorch Fock.

Fock und dem dazugehörigen Ausbildungskonzept, ihrer Rolle innerhalb unserer Marinetradition sowie den diplomatisch-repräsentativen Aspekten stehe. Aus dieser Perspektive heraus konnte ich mich, meiner Überzeugung folgend, stark machen für den Erhalt unseres Segelschulschiffes und mich gleichzeitig auf gestalterische Weise einbringen.

Empfinden Sie es als ein Privileg, Kommandant des bekannten Dreimasters Gorch Fock gewesen zu sein?

Kein Schiff steht so sehr für die Deutsche Marine wie die Gorch Fock. Nicht nur für den Kommandanten ist es ein Privileg, Teil des Teams und Repräsentant unserer Nation zu sein. Das gilt für jedes einzelne Besatzungsmitglied. Eine Wahrnehmung, die ich bereits 1986 als Kadett, später als Divisionsoffizier, und ebenso als Erster Offizier hatte.

Noch im Dienstgrad eines Fregattenkapitäns übernahmen Sie im Juni 2014 das Kommando der weißen Bark. Sahen Sie voraus, was für dramatische Jahre auf Sie zukamen?

Dass dem Schiff turnusgemäß ein längerer, völlig normaler Werftaufenthalt bevorstand, war von vornherein klar. Dass dieser hinsichtlich seiner

Rechts:
Fockmast mit Markierung der Schadstellen, kurz vor dem Ausbau, bereits ohne Wanten.

Markierte Schadstellen auch am Unterwasserschiff.

Arbeitsumfänge, seiner Dauer und der Kosten so aus dem Ruder laufen würde, habe ich nicht vorhergesehen, auch nicht vorhersehen können.

Wie stellte sich die Ausgangssituation für Sie dar?

Am 28. Juni 2014 übernahm ich das Kommando, zwei Monate später liefen wir zur 165. Auslandsausbildungsreise aus. Zwei weitere schlossen sich an. Im Verlauf von insgesamt 230 Reisetagen haben Schiff und Besatzung Häfen in Frankreich, Großbritannien, Spanien, Portugal und Skandinavien besucht. Anschließend stand Anfang 2016 turnusgemäß der besagte Werftaufenthalt an. Ein Jahr später außerdem die SBU – die schiffbauliche Untersuchung, welche jedes Schiff der Marine alle fünf Jahre durchlaufen muss. Vergleichbar mit dem TÜV für Automobile. Prüfinstanz ist dabei nicht der TÜV, sondern eine entsprechende Dienststelle im Marineunterstützungskommando, oder kurz MUKdo. Es machte in diesem speziellen Fall absolut Sinn, diesen Check vorzuverlegen, da die Bark ja eh in der Werft war.

Nach dem Ausbau der Masten ist der Schiffsrumpf unter einem Zelt verschwunden. Das alte Kartenhaus wird abgebaut.

Überall im und am Schiff wird gebrannt . . .

. . . und geschweißt.

Rechts oben:
Große Teile der Außenhaut werden entfernt und durch neue Stahlplatten ersetzt, wobei zwischendurch die nackten Spanten sichtbar werden.

Wie sah die ursprüngliche Planung für die Werftzeit hinsichtlich der auszuführenden Arbeiten, der Zeit- und Kostenplanungen aus? Und wie verlief das ganze Unternehmen dann tatsächlich?

Lange Geschichte! Geplant war ursprünglich eine sogenannte Depotinstandsetzung, eine längere Werftzeit mit entsprechendem Arbeitsumfang und einem Kostenvolumen von etwa zehn Millionen Euro, auf der Zeitachse grob von Januar bis Mai 2016. Gleich zu Beginn fielen zwei Entscheidungen, die den weiteren Verlauf bestimmten: Zum einen musste das Getriebe des Antriebsmotors zwecks Generalüberholung ausgebaut werden, was eine Verlängerung der Werftzeit um zwei bis drei Monate bedeutete. Zum anderen sollten wir die eben bereits erwähnte SBU vorziehen. Diese begann im März 2016 und erstreckte sich bis zur 100-prozentigen Prüfung des Schiffes am Ende über anderthalb Jahre bis November 2017. Erste Erkenntnisse, die erhebliche Kostensteigerungen vermuten ließen, führten bereits im Oktober 2016 zu einem ersten Baustopp, dem eine Wirtschaftlichkeitsprüfung folgte. Eine neue Kostenprognose von rund 75 Millionen Euro war das Resultat. Größter Knackpunkt war dabei die Erkenntnis, dass die Masten samt Stengen, Rahen und Gaffeln sowie der Bugspriet, also praktisch das gesamte Rigg, erneuert werden mussten. Ab Ende Januar 2017 wurden die Arbeiten fortgesetzt und im Sommer 2017 die Masten gezogen, bis sich nach Abschluss der SBU die Wahrscheinlichkeit weiterer erheblicher Kostensteigerungen auftat und im Januar 2018 ein zweiter Baustopp erfolgte. Die zweite Wirtschaftlichkeitsprüfung ergab, dass faktisch

Stück für Stück wird das alte Oberdeck entfernt . . .

. . . und das neue gleich daneben wieder aufgebracht.

ein schiffbaulicher Neubau mit einem Kostenvolumen von etwa 128 Millionen Euro erforderlich war. Ab März 2018 liefen die Arbeiten erneut an. Dann traten Verdachtsmomente über unredliche Machenschaften im Bereich der Werftleitung auf, die wenig später auch zu staatsanwaltlichen Ermittlungen führten, woraufhin im Dezember 2018 ein Zahlungsstopp verfügt wurde. Zum dritten Mal ruhten die Arbeiten.

Wie ging das Drama weiter?

Kurz darauf meldete die Elsflether Werft Insolvenz an. Auf Entscheidung der damaligen Bundesministerin der Verteidigung, Ursula von der Leyen, gingen die Arbeiten aber weiter, um das im Dock liegende Schiff zunächst wieder zu Wasser zu bringen. Das war natürlich von der Übernahme der insolventen Werft durch eine andere Werft abhängig, womit die weiteren Arbeiten überhaupt erst möglich wurden. Im Herbst 2019 übernahm die Lürssen-Werft in Lemwerder – und ab diesem Moment gingen die Arbeiten endlich gut voran. Durch die drei Baustopps war zwischenzeitlich rund ein ganzes Jahr verlorengegangen. Um den Rest kurz zu machen: Ende 2020 ging das Schiff endlich wieder zu Wasser, nachdem es im Sommer seine neuen Masten erhalten hatte, und wurde anschließend weiter

Nur etwas für Spezialisten: Viele Kilometer Elektrokabel werden im gesamten Schiff erneuert.

Rechts:
Durchführung durch das Oberdeck . . .

. . . und weiter durch das Zwischendeck bis hinab zur Verankerung tief unten im Schiff.

ausgerüstet. Mitte 2021 erfolgten die Werftprobefahrt und die Verlegung ins Marinearsenal nach Wilhelmshaven für Endausrüstung, Krängungsversuche und weitere Prüfungen. Im September 2021 war endlich die „Depotinstandsetzung 2015“ nach knapp sechs Jahren beendet und die Gorch Fock konnte nach langer Abwesenheit wieder nach Hause in ihren Heimathafen Kiel verlegen.

Was ist letztendlich am und im Schiff alles erneuert worden?

Was von dem alten Schiff übrig geblieben ist, liegt im einstelligen Prozentbereich. Trotzdem wird ein Laie keinen Unterschied sehen. Wir waren sehr bedacht darauf, alles so zu erhalten, wie es vorher war. Die angegriffene Substanz wurde ausgetauscht, aber wir wollten den Charakter wahren. Neu ist in großen Teilen der Stahl des Rumpfes und der Decks, sind die Masten und Rahen, das Holzdeck. Wirklich neu sind die elektronischen Komponenten der Nautik, wie Radargeräte und GPS-Anlage sowie elektronische Seekarte, wie auch die der Außenkommunikation, also des Fernmeldebetriebs, sowie die des internen IT-Netzwerkes. Das ist alles der technischen Entwicklung geschuldet und stand nach teils 20 Jahren Nutzung ohnehin auf dem Programm. Ebenfalls komplett erneuert wurden die gesamte Elektroverkabelung sowie sämtliche

Der neue Fockmast kurz vor dem Einbau.

Rohrleitungen für Wasser, Abwasser, Klimaanlage und Lüftung. Großaggregate wie der Antriebsmotor, die E-Diesel samt Generatoren, die Querschubanlage, der Frischwassererzeuger und ein paar mehr wurden ausgebaut, generalüberholt

Der Großmast folgt auf dem Fuße.

und anschließend wieder eingebaut. Zusätzlich sei hier angemerkt, dass wir durch unser Zutun etliche Dinge für den Dienstbetrieb optimieren konnten. Hinzu kommt, dass durch die ganzen Erneuerungen ebenfalls eine Menge Gewicht eingespart werden konnte, allein in der Takelage rund elf Tonnen. Das führte in der Konsequenz zu einer Reduzierung des festen Ballasts unten im Schiff um rund 70 Tonnen, so dass der Trimm des Schiffes jetzt deutlich besser ist als vor der Werft.

Streit- und Kritikpunkte waren das neue Teak-Deck und die offenbar sehr teuren Fake-Nietenköpfe – so der Terminus in der Presse – auf der Außenhaut. Was verbirgt sich dahinter?

Das stimmt, aber die beiden Punkte muss man trennen, denn sie haben nichts miteinander zu tun. Zunächst zum Teak-Deck. Ja, es stimmt, dass der Einbau von ökologisch problematischem Teakholz kritisiert wurde. Andererseits ist Teakholz das für den genannten Zweck anerkanntermaßen beste Material, das höchstens den Nachteil hat, durch seine hohe Dichte relativ schwer zu sein. Das alte Holz-Deck, insgesamt 880 Quadratmeter, musste entfernt werden, um auch an die darunter liegenden Stahldecks zu kommen, die ebenfalls großflächig erneuert werden mussten. Das neue Teak-Deck wurde anschließend mit einem modernen Verfahren aufgebracht, das jetzt durch eine vollflächig verklebte Korkunterlage wesentlich elastischer ist, nur noch die Hälfte an Teakholz verbraucht und dadurch auch eine spürbare Gewichtseinsparung mit sich gebracht hat. Unabhängig davon haben wir in intensiver Zusammenarbeit mit dem Thünen-Institut für Holzforschung in Hamburg-Bergedorf über mögliche Alternativen nachgedacht. Im Ergebnis wurden auf dem Oberdeck der Gorch Fock an optisch unauffälliger Stelle vier Probeflächen mit anderen Holzsorten verbaut, deren Tauglichkeit als Alternative für Teakholz nun in einem Langzeittest untersucht wird.

Aller guten Dinge sind bekanntlich drei – der Besanmast komplettiert das Bild.

Das neue Kartenhaus folgt kurze Zeit später.

Per Kran wird der Antriebsdiesel nach seiner Generalüberholung in den Rumpf gefiert.

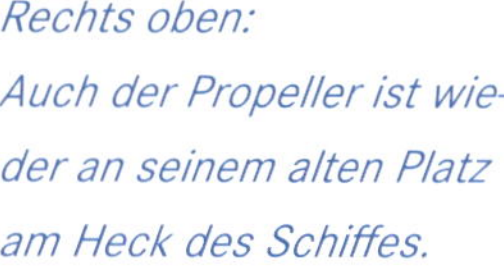

Rechts oben:
Auch der Propeller ist wieder an seinem alten Platz am Heck des Schiffes.

Weitere Schiffsbetriebsanlagen wie Schalttafeln und Generatoren haben ebenfalls ihren Platz gefunden.

... und die Fake-Nieten?

Auch in dem Falle stimmt es, dass heftige Kritik über diesen vermeintlichen Unsinn geübt wurde. Fakt ist hingegen, dass der Schiffskörper ursprünglich genietet und nicht geschweißt worden ist. Das ist heute anders, aber der stählerne Überhang des Achterschiffes beispielsweise ist noch original geblieben, weist also die Nietenköpfe auf, die auch nicht entfernt werden können. Um ein einheitliches Bild zu erhalten, wurden auf der Außenhaut die besagten Fake-Nieten aufgebracht. Seriöser ausgedrückt sind es simple Attrappen der ehemaligen Nietenköpfe auf den jetzt verschweißten Stahlplatten. Am Unterwasserschiff hat man auf diese Maßnahme übrigens verzichtet. Insgesamt wurden mehr als 11000 dieser Nietenköpfe aufgebracht. In der Tat tauchten in der Berichterstattung horrende Zahlen zu den Kosten auf, die logischer- und berechtigterweise für Kritik sorgten, die aber schlicht und ergreifend falsch waren – wo auch immer sie herkamen.

Die Planken des alten Teak-Decks werden abmontiert. Die Spuren eingedrungener Nässe sind deutlich zu erkennen.

Stichwort Werftprobefahrt: Die erste wurde mit großer Spannung erwartet und musste abgebrochen werden, was für die Presse ein gefundenes Fressen war. Was war passiert?

Ja, das ist richtig – und war auch ausgesprochen ärgerlich und sorgte für eine weitere Verzögerung. Letztlich handelte es sich aber nicht um einen Schaden, sondern lediglich um eine Panne aus der Rubrik „Kleine Ursache, große Wirkung". Ein Ventil im Kühlkreislauf unseres Antriebsmotors war beim Wiedereinbau falsch herum montiert worden. Das konnte natürlich nicht funktionieren, zeigte sich aber erst unter Last des Motors. Solche Dinge passieren und werden behoben, aber für uns war diese Panne in diesem Moment wirklich überflüssig.

Das Training an Bord der Gorch Fock gilt als elementarer Bestandteil der Offizierausbildung. Wie wurde die Lücke während der fast sechsjährigen Werftphase aufgefangen?

Wir haben selbstverständlich durchgehend weiter ausgebildet. Auf den Dienstsegelbooten an der Marineschule Mürwik, auf der „Mircea", unserem rumänische Schwesterschiff, und in der Schlussphase waren wir ja auch mehrmals mit der „Alexander von Humboldt" unterwegs.

Wie waren Ihre Eindrücke des 1938 gebauten Schwesterschiffes „Mircea"?

Nun, die „Mircea" ist in der Tat eins unserer Schwesterschiffe, zu dem, beziehungsweise zu dessen Besatzung wir guten Kontakt pflegen.

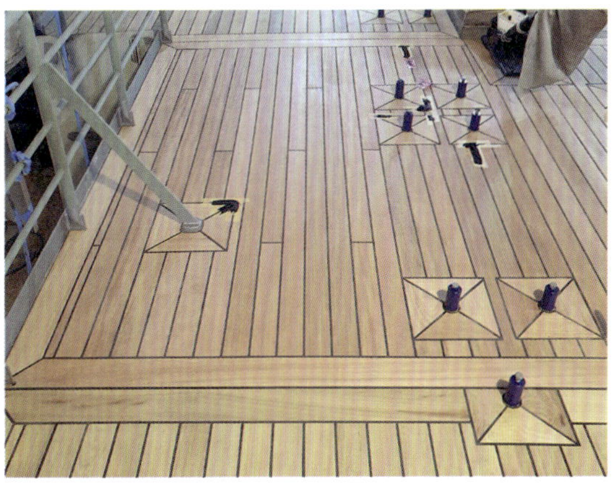

Links unten: Das Montieren der Teakholz-Planken gleicht an vielen Stellen einem Puzzle-Spiel . . .

. . . ergibt aber am Ende ein optisch ansprechendes Bild.

Rechts unten:
Auch der goldene Albatros wird ins Dock geliefert . . .

. . . und breitet seine Flügel wieder am gewohnten Platz aus.

Allerdings unterscheidet sich das Verständnis für den Einsatz des Segelschulschiffes deutlich von unserem. Für die Ausbildung der Kadetten mussten wir in der Konsequenz doch einige Zugeständnisse machen, so dass es nach abschließender Bewertung bei einer zweimaligen Nutzung geblieben ist.

Und wie sahen im Vergleich dazu die Erfahrungen auf der modernen, erst seit 2011 in Fahrt befindlichen „Alexander von Humboldt" aus?

Dort haben wir uns als Kojengäste eingechartert. Auch in diesem Fall mussten wir natürlich Abstriche machen. Auf der Gorch Fock hatte ich üblicherweise immer Lehrgänge in Stärken von 100 bis 120 Kadetten pro Törn an Bord. Auf der „Alexander von Humboldt", die deutlich kleiner ist, waren es anfangs rund 55 Plätze, aber zuletzt, auch durch Corona bedingt, nur etwa 40. Die „Alex" haben wir aber für mehrere Törns nutzen können, so dass das zahlenmäßige Ergebnis am Ende durchaus zufriedenstellend war – und auch meine Ausbilder ein wertvolles Training erfahren haben.

Wie ist die Besatzung mit der langen und in der Presse heftig kritisierten Werftphase fertig geworden?

Die lange Durststrecke – ich nenne es einfach mal so – war für meine Crew in der Tat alles andere als einfach, aber sie hat sich nicht unterkriegen lassen. Die Besatzung, und nicht etwa ich, hat sich ein Motto gegeben: „Wir sind Gorch Fock, sturmerprobt und leidgeprüft". Das bedarf aus meiner Sicht keiner weiteren Erläuterung. Diesen Spirit konnte auch unsere Ministerin bei

Auf der Außenhaut werden Attrappen der vorherigen Nietenköpfe aufgebracht . . .

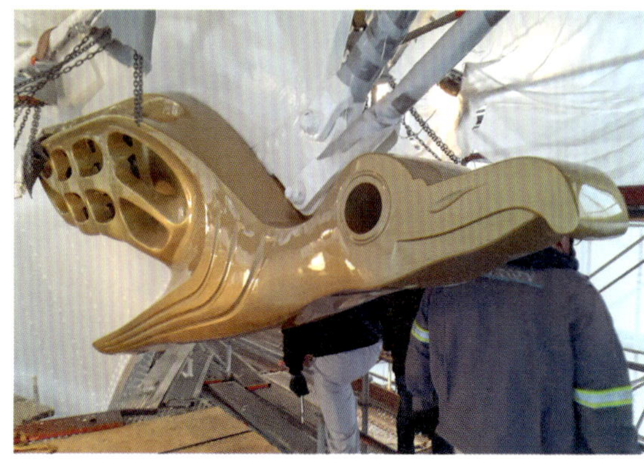

. . . die am Heckspiegel nach wie vor original sind.

Zeitweise wurde die Ausbildung auf dem 1938 gebauten Schwesterschiff „Mircea" aus Rumänien ...

... und auf der Bark „Alexander von Humboldt" der Deutsche Stiftung Sail Training absolviert.

Links oben: So langsam erkennt man die Gorch Fock wieder.

ihrem damaligen Besuch deutlich wahrnehmen. Sie hat sich lange mit der Besatzung unterhalten und dabei den Wert des Schiffes für diese Soldaten – und damit ebenso für die Deutsche Marine – erkannt und möglicherweise auch auf dieser Basis ihre Entscheidung zur Fortsetzung der Arbeiten getroffen.

Und wie haben Sie als Kommandant das alles erlebt – die Korruptionsgeschichten, die Werftpleite, den Medienrummel, die ständigen Aufs und Abs?

Was ich eben über die Besatzung gesagt habe, gilt im Grunde ebenso für mich. Natürlich war ich in vielerlei Hinsicht deutlich enger ins Geschehen eingebunden, was mir die Sache nicht gerade einfacher gemacht hat. Die teilweise nicht nur sachlichen und damit auch nicht gerade fairen Berichte in der Presse, die unser Schiff mitunter schon totredeten, gegen die wir aber nichts tun konnten, waren durchaus zusätzlich belastend. Manchmal war ich durchaus kurz davor, den Mut zu verlieren. Aber meine tiefe Überzeugung zur Sinnhaftigkeit eines Segelschulschiffes für die Marine, und mein Wunsch, dieses einst so stolze Schiff, das jetzt als traurig anzusehender Torso im Dock lag, wieder in Fahrt zu bringen, haben mich motiviert, nicht „die Segel zu streichen", um es bildlich zu sagen – und darauf bin ich in der Rückschau durchaus stolz und schaue ohne Scheu in den Spiegel!

Wie sahen nach der Heimkehr Anfang Oktober 2021 die Rahmenbedingungen für einen Neustart aus, materiell und personell?

Der Neustart war in der Tat eine Herausforderung. Materiell war bis auf ein paar Nachwehen aus der Werft im Grunde alles gut, aber große Teile der Besatzung waren im Verlauf der Werftzeit getauscht worden, was ein völlig normales Procedere ist.

Dadurch hatte die Besatzung – bis auf ganz wenige Ausnahmen – das Schiff noch nicht im Seebetrieb erlebt, wenn wir von der Überführungsfahrt nach Kiel einmal absehen. Der Zusammenhalt der Besatzung war bestens, aber für den Seebetrieb musste sie als solche zusammenwachsen. So haben wir uns zunächst der sogenannten Einzelausbildung gewidmet.

Wie sah das im Detail aus?

Dabei ging es um das Zusammenspiel von Brücke, Navigation, Maschine, Fernmeldebetrieb und Wachroutine, um Fahrmanöver wie An- und Ablegen, Revierfahrt, Anker- und Bootsmanöver sowie insbesondere um die Notrollen wie Brand- und Leckabwehr, Maßnahmen bei Maschinen- und Stromausfall, Mann über Bord, die Bergung von Verletzten, in unserem Fall auch aus der Takelage, sowie deren Versorgung. Für das Training der Notrollen haben wir uns die professionelle Hilfe der Ausbilder des EAZS, des Einsatzausbildungszentrums Schadensabwehr der Marine aus Neustadt in Holstein an Bord geholt. Die gesamte Besatzung hat sich mit großem Eifer dieser Herausforderung gestellt, so dass wir relativ bald Licht am Ende des Tunnels sehen und den gesamten Prozess im November mit der Seeklarbesichtigung durch den Kommandeur unserer vorgesetzten Dienststelle, der Marineschule Mürwik, erfolgreich abschließen konnten. Für mich als Kommandanten war das der erste große Meilenstein nach der Werft.

Wie ging es danach dann weiter?

Der Plan – und damit für mich der Auftrag – war ab Anfang 2022, in zwei Törns die Ausbildung der Offizieranwärtercrew VII/2021 durchzuführen. Das stellte die zweite große Herausforderung dar. Die erfolgreiche Seeklarbesichtigung war das eine, aber bis dahin hatten wir im Grunde nicht segeln können, weil die Besatzung mit knapp 100 Personen dafür nicht stark genug war. Hinzu kommt, dass die notwendige Expertise längst nicht mehr die war wie vor der Werft. Zwar hatten die neuen Ausbilder durch

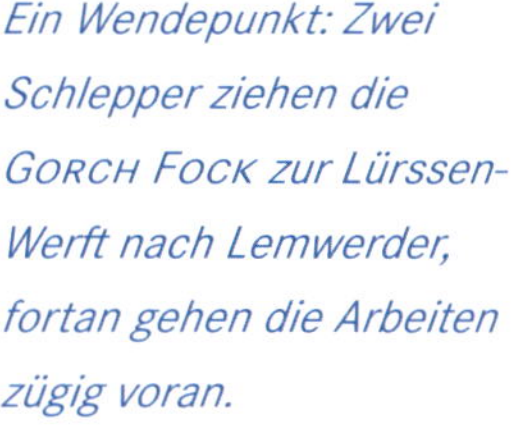
Ein Wendepunkt: Zwei Schlepper ziehen die Gorch Fock zur Lürssen-Werft nach Lemwerder, fortan gehen die Arbeiten zügig voran.

Das Wohnschiff „Knurrhahn" der Marine, das „Hotel" der Besatzung, am Anleger der Lürssen-Werft.

den Einsatz auf der „Alex" bereits wertvolle Erfahrungen sammeln können, aber wenn ich mal eine ungefähre Prognose wage, dann hatten wir vielleicht 20 bis 30 Prozent der Segelexpertise in der Truppe, die eigentlich erforderlich war.

Und wie konnten Sie diese Herausforderung bewältigen?

Ende November sind wir, nach entsprechender Ausrüstung des Schiffes, Richtung Kanarische Inseln in See gestochen. Den Weg dorthin haben wir für intensives Segeltraining genutzt, vor allem aber die Zeit dort unten, da die Windverhältnisse in dieser Gegend und Jahreszeit deutlich besser und vor allem berechenbarer als in unseren heimatlichen Breiten sind. Das war sehr erfolgreich, so dass wir beruhigt die Weihnachtsfeiertage und den Jahreswechsel auf Teneriffa verbringen konnten. Dann kam uns leider die Corona-Pandemie in die Quere, so dass wir eine Weile zur Pause gezwungen waren. Das führte dazu, dass wir von den geplanten zwei Törns mit Kadetten auf der Zeitachse nur noch einen realisieren konnten. Den aber haben wir mit Einlaufen in Kiel Ende März 2022 erfolgreich abschließen können, so dass ich meinem Nachfolger, Kapitän zur See Andreas-Peter Graf von Kielmansegg, am 31. März 2022 ein Segelschulschiff übergeben konnte, das wieder in seinem Element war.

Life-Übung: Abseilen eines Verletzten aus der Takelage.

Brandbekämpfungstraining unter schwerem Atemschutz.

Nordwind

Nordwind ... und noch ein segelndes Klassenzimmer

Genau genommen ist die „Nordwind“ die kleine Schwester der Gorch Fock. Zwar kleiner und weniger berühmt, dafür älter und mit einer ähnlich spannenden Historie. Und: Anders als auf der Bark können auf dem Zweimaster auch Zivilisten einen Törn unter Segeln erleben.

Einst Schulschiff der Bundesmarine, heute ein schwimmendes Museum unter Segeln: Mit der „Nordwind“ besitzt das Deutsche Marinemuseum Wilhelmshaven ein wertvolles technisch-zeitgeschichtliches Großexponat, das nicht zu einem fest vertäuten Pensionärsdasein an der Pier im Museumshafen verdammt ist. Der schmucke Zweimastsegler wird von einer Gruppe ehrenamtlich aktiver Enthusiasten, überwiegend ehemaligen Marinesoldaten, in Fahrt gehalten.

Häufig wird die „Nordwind“ als das separate Klassenzimmer der berühmten Gorch Fock be-

Die „Nordwind“ unter Motor auf der Kieler Woche.

zeichnet, denn von 1956 bis 2006 wurde sie mit wenigen Unterbrechungen im Dienst der Marineschule in Flensburg-Mürwik für die navigatorische und seemännische Grundausbildung von Offizieren und Unteroffizieren ein-gesetzt. Mit ihrer 50-jährigen Dienstzeit zählt das Küstenwachboot der Klasse 368, so ihre damalige Bezeichnung, zu den Einheiten mit der längsten Nutzungsdauer in der Deutschen Marine.

Zuerst militärisch, anschließend zivil

Die „Nordwind" entstand unmittelbar nach Kriegsende bei der Yacht- und Bootswerft Burmester in Bremen-Burg an der Unterweser. Ihre Rumpfkonstruktion entstammte dem Kriegsfischkutter-Bauprogramm der Kriegsmarine. Über tausend solcher kleinen Hilfskriegsschiffe ließ man seinerzeit vom Stapel, um sie

Wertvolles Zeitdokument: Die „Nordwind" an der Hansa-Brücke der Marineschule in Mürwik, im Hintergrund die Gorch Fock und das Schulschiff „Deutschland".

Serienbau von Kriegsfischkuttern bei der Burmester-Werft, Ausweichbetrieb Swinemünde.

Küstenwachwachboot KW3 der Bundesmarine, ein ehemaliger KFK aus der Flotte des Seegrenzschutzes.

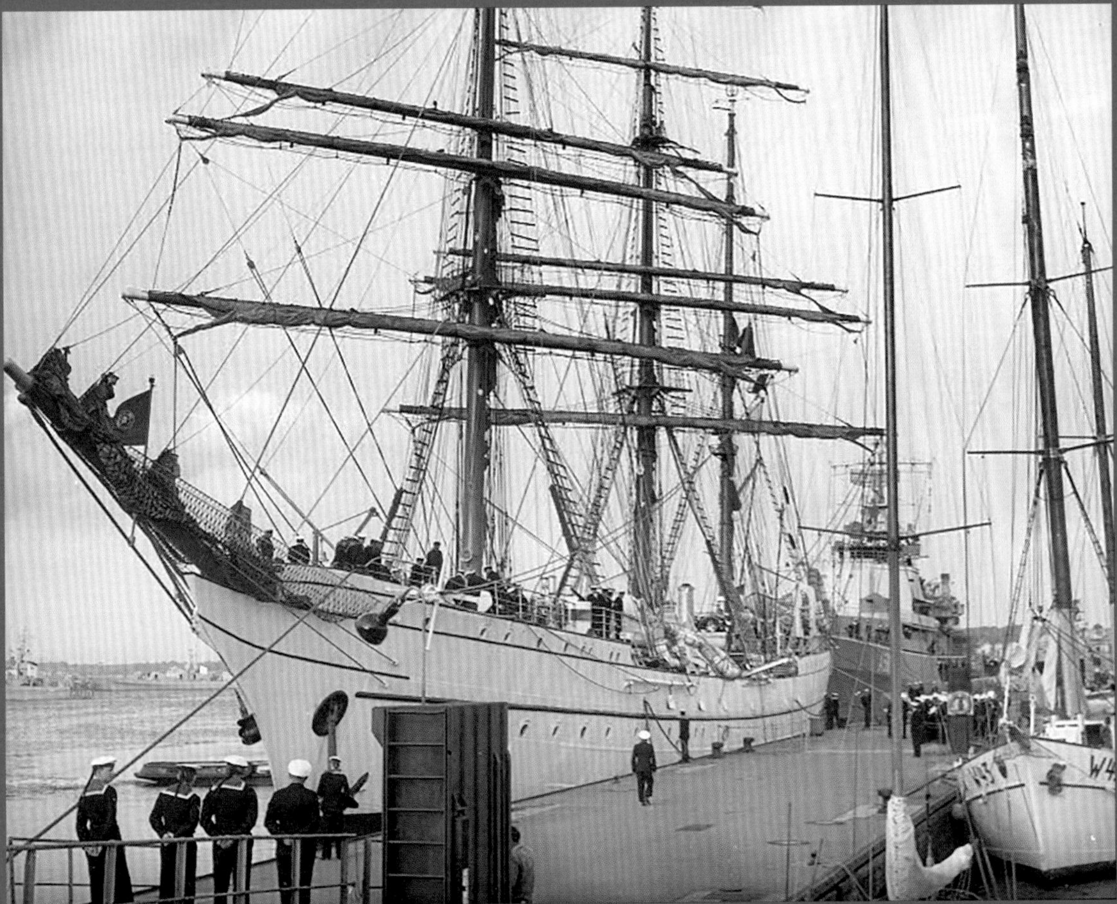

Während der Kieler Woche 1963 hat die „Nordwind“ neben der portugiesischen „Sagres II“, einem Schwesterschiff der GORCH FOCK, festgemacht.

im Anschluss an ihre militärische Verwendung – so die damaligen Planungen – zivil in der Fischerei einzusetzen. Hintergrund: Im Zweiten Weltkrieg hatte die auf einen solchen Konflikt wenig vorbereitete Kriegsmarine plötzlich eine Seekriegsfront von über 18000 Kilometern in ihrem unmittelbaren Verantwortungsbereich. Aus dieser Not heraus wurde 1942 der größte Serienbau von Seefahrzeugen in Deutschland durch die Kriegsmarine in Auftrag gegeben – die sogenannten Kriegsfischkutter, kurz KFK genannt.

Eingesetzt wurden die kleinen Marineeinheiten vor allem als bewaffnete Wachboote, Minensuchboote und U-Jagdboote. Insgesamt 1072 KFK bestellte die Kriegsmarine. 42 Werften in sieben europäischen Ländern bauten die Einheiten nach einem genormten Amtsentwurf der Schiffbautechnischen Versuchsanstalt Wien. Fertiggestellt und in Dienst gestellt wurden jedoch nur 612 Einheiten. Davon wurden 554 an der Front eingesetzt, mindestens 135 KFK gingen durch Feindeinwirkung verloren.

Rumpf, Kiel und Steven der Kriegsfischkutter wurden – sofern es die Materiallage erlaubte – aus Eichenholz, die Spanten dagegen aus Stahl gefertigt. Oft musste bei dem damals herrschenden Rohstoffmangel auf Nadelholz zurückgegriffen werden. Der Antrieb erfolgte durch Dieselmaschinen verschiedener Hersteller, eine Besegelung war nicht vorgesehen. Je nach Einsatzzweck variierte die Bewaffnung, die in der Regel aus leichten Flugabwehrgeschützen, Maschinengewehren und Wasserbomben bestand. Nach Kriegsende kamen viele der äußerst robusten Kriegsfischkutter

Unter Segeln auf der Flensburger Förde vor der Marineschule Mürwik.

zunächst als Minenräumer in Nord- und Ostsee zum Einsatz, 293 gingen in die Fischerei. Elf Einheiten gehörten der Flotte des 1951 gegründeten Seegrenzschutzes an und wurden 1956 von der dann neu gegründeten Bundesmarine übernommen.

Schulungseinheit der Seepolizei

Die frühen Jahre der „Nordwind" sind heute nicht mehr historisch exakt nachvollziehbar. Eine Version besagt, dass der Rumpf von den britischen Besatzern übernommen wurde. Die verkauften ihn 1950 an einen deutschen Eigner, der das Schiff als Bermudaketsch takeln ließ. Eine andere Quelle besagt, das Schiff sei erst 1948 vollendet und mit der Fischereikennung BX 356 versehen worden. Fakt ist, dass die „Nordwind" nicht in der Fischerei zum Einsatz kam.

Am 22. November 1951 stellte sie der damalige Seegrenzschutz, abgekürzt SGS, in Dienst und unterstellte sie der Schulflottille in Cuxhaven als Segelschulschiff. Während dieses Zeitabschnitts wurde der Zweimaster auch für protokollarische und repräsentative Zwecke genutzt. So war Bundespräsident Theodor Heuss 1953 während der Kieler Woche zu Gast an Bord.

Nach Aufstellung der Bundesmarine 1956 übergab der Seegrenzschutz die „Nordwind" an den neuen Truppenteil der Bundeswehr. Sie wurde zunächst dem Ausbildungsverband Schulgeschwader Ostsee in Kiel und ab 1958 der Marineschule Mürwik unterstellt, wo die Bermudaketsch fortan ihren Liegeplatz an der Hansa-Brücke hatte. Sie erhielt die Kennung W 43, später Y 834. Zwischen 1969 und 1972 war das Segelschulschiff in den Sommermonaten im Dienst und wurde im Winter aufgelegt. Vorübergehend kam die „Nordwind" zur Seemannschaftslehrgruppe auf Borkum und dem Marinestützpunktkommando Kiel. Im Mai 1972 ging sie zurück nach Mürwik und erhielt eine feste zivile Besatzung, nachdem sie in den Jahren zuvor mit militärischem Personal besetzt gewesen war.

Als Traditionssegler in Fahrt

Zu Beginn des neuen Jahrtausends wurde die „Nordwind" auf einer Werft umfassend überholt und modernisiert. Unter anderem ersetzte fortan ein 400 PS starker Volvo Penta Dieselmotor den bisherigen Demag-Selbstzünder mit 137 PS Leistung. Trotzdem fiel sie dem damaligen Sparzwang der Regierung zum Opfer. Auf Druck des Bundesrechnungshofs erfolgte die Außerdienststellung des weißen Zweimasters vier Jahre eher als geplant, und zwar am 15. Dezember 2006 im Marinearsenal Wilhelmshaven.

Für knapp 110 000 Euro ersteigerte das Deutsche Marinemuseum 2008 die Bermudaketsch im Rahmen einer Auktion der bundeseigenen Treuhandgesellschaft Vebeg. Zahlreiche Spenden ermöglichten den Kauf. Von Anfang an sah das Konzept des Museums vor, den traditionsreichen Zweimaster in Fahrt zu halten. Seit 2010 unternimmt die museumseigene, ehrenamtlich tätige Crew regelmäßig Gästetörns und Charterfahrten in der Nord- und Ostsee. Tagesreisen finden zumeist vor der Haustür in der Jade statt.

Regelmäßig setzt die „Nordwind" bei maritimen Events die Segel – bei der Hanse Sail in Rostock, dem Hamburger Hafengeburtstag oder der Kieler Woche beispielsweise. Gelegenheiten, bei der das schmucke Schiff immer mal wieder auf seine große Schwester Gorch Fock trifft.

Transat

Transatlantik – nach New York und in die weite Welt

Neben ihrem Ausbildungsauftrag hat die GORCH FOCK von Beginn an noch eine zweite Aufgabe – eine diplomatische. Was ist zum Repräsentieren einer Nation auf der internationalen Bühne besser geeignet als ein unbewaffnetes Segelschiff mit einer jungen Besatzung in blauen oder weißen Uniformen? Ihre erste richtig große Reise führte die Bark 1962 über den Atlantik nach New York.

Es war der feste Wille von Ernst-A. Schneider, Pilot bei der Luftwaffe zu werden. 1940 in Halle an der Saale geboren und im Süddeutschen in wohlbehüteten Verhältnissen aufgewachsen, packte ihn im Alter von 14 Jahren die Leidenschaft für das Segelfliegen. Nach dem Abitur bewarb er sich als Offizieranwärter bei der Luftwaffe und bestand alle Tests bei der OPZ, der Offizierbewerberprüfzentrale in Köln. „Ich saß dort auf dem Flur, wartete eigentlich nur noch auf meine

Grandiose Kulisse: Beim Einlaufen in den Hafen von New York passiert die GORCH FOCK die Freiheitsstatue.

lantik

Der Karrierestart bei den Marinefliegern nahm für Ernst-A. Schneider im Frühjahr 1962 einen Umweg, der den jungen Matrosen OA auf die Gorch Fock und in die Vereinigten Staaten führte.

Papiere“, so der Fregattenkapitän a.D. rückblickend. „Da kam ein Marineoffizier mit Fliegerschwinge auf der Uniformjacke auf mich zu und fragte während eines kurzen Gespräches: ‚Sie wollen fliegen? Das können Sie bei der Marine auch!‘ Schon war ich klassisch schanghait. Dass es zu Beginn keinesfalls hoch in die Wolken, sondern unter Segeln über den Atlantik ging, ahnte ich seinerzeit nicht.“

Zur Marine und zur Seefahrt im Allgemeinen hatte der junge Mann keinerlei Bezug. Hauptsache fliegen, so seine damalige Motivation. Hinzu kam die Erkenntnis, dass ihm die schmucke Uniform der „Seelords“ deutlich besser gefiel als das Tuch der Luftwaffe, auch wenn das ebenfalls leicht bläulich war. Nach quälend langer Busfahrt von der Technischen Marineschule Bremerhaven kam der Matrose OA, seine Grundausbildung hatte er zuvor beim Marine-Ausbildungsbataillon-3 in Glückstadt durchlaufen, am 26. Februar 1962 schwerbepackt mit seinem Seesack im Marinestützpunkt Kiel an, um dort festzustellen, dass sein Spind an Bord der Gorch Fock viel zu knapp bemessen war für Ausrüstung und private Gegenstände. Tief beeindruckt war er vom ersten Anblick des Dreimasters, während er die erste Nacht in der Hängematte als unangenehm und gewöhnungsbedürftig empfand.

Durch den Scheuersack

Bereits am nächsten Vormittag ging es – so dokumentiert es das persönliche Logbuch, das jeder Kadett bis heute als Teil der Ausbildung zu führen hat – zum ersten Mal gleich hinauf in den Topp und in die Rahen, tags darauf wurde erstmals abgelegt. Rund drei Wochen dauerte das stramme und fordernde Programm, bestehend aus Segelexerzieren, Reinschiff, Not- und Sicherheitsrollen, Hängemattenmusterung, Wachegehen, Pönen, vielerlei Unterrichte ...

Am 20. März 1962 war der große Tag gekommen, das Auslaufen zur 9. Auslandsausbildungsreise mit dem Ziel New York, die 87 Tage dauern sollte und bei der 11 502 Seemeilen zurückgelegt wurden, rund zwei Drittel davon unter Segeln. Ernst-A. Schneider: „Die Pier war voller Menschen – Eltern, Geschwister, Freundinnen und natürlich jede Menge Marinekameraden.

Waschtag, auch Zeugdienst genannt, an Deck - eine Waschmaschine gab es seinerzeit nur für die Bekleidung des Sanitäts- und Küchenpersonals.

Kurze Pause für die Kadetten auf dem Atlantik – die einen erholen sich von den Strapazen, andere pauken theoretischen Unterrichtsstoff.

Wochenschau und Fernsehen waren vor Ort und filmten. Schließlich war es die erste Visite eines deutschen Kriegsschiffes in New York seit 1936. Die Reise besaß einen hohen politischen und diplomatischen Stellenwert, die halbe Welt blickte auf uns seinerzeit.“

Gescheiterte Fluchtversuche

Mit einem Schmunzeln gibt Ernst-A. Schneider heute zu, dass er die ersten beiden Monate an Bord der Gorch Fock keineswegs glücklich war. Harte Arbeit, kaum Schlaf, ein oftmals rauer Umgangston ... Tatsächlich stellte er drei Versetzungsanträge. Den ersten noch in Kiel an seinen Korporal, einen Obermaaten. Dieser überflog das Schreiben, steckte es mit einem wortlosen Grinsen ein und wollte es weitergeben – aber nichts passierte. Auf der ersten Etappe der New York-Reise geriet das Segelschulschiff beim Passieren der Biskaya in einen heftigen mehrtägigen Sturm, den der nunmehr Gefreite OA, sagen wir mal, nicht so besonders gut wegsteckte. Noch

In seinem Logbuch skizzierte der Kadett den Kurs des Segelschulschiffes bei dessen 9. Auslandsausbildungsreise.

Atlantiksportfest mit Boxwettkämpfen …

… und musikalischen Beiträgen.

unter diesem Eindruck stehend, übergab er ein zweites Gesuch gleichen Inhalts an seinen Divisionsoffizier und späteren Gorch Fock-Kommandanten, Kapitänleutnant Hans Freiherr von Stackelberg. Mit den Worten „Entschuldigung, jetzt ist mir Ihr Antrag aus der Hand geweht“ ließ dieser das Schriftstück von einer Windboe sanft über die Reling tragen.

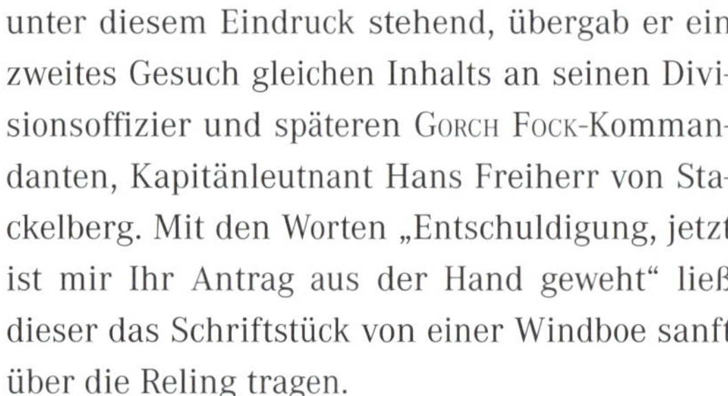

Dritter Anlauf: Ernst-A. Schneider musste Posten stehen vor der Kommandantenkammer. Als sich Kapitän zur See Wolfgang Erhardt - ein wertgeschätzter Marineoffizier und für die Kadetten eine respektsgebietende Vaterfigur - hierhin zurückziehen wollte, nutzte der Kadett die Gelegenheit und drückte sein schriftliches Ansinnen dem „Alten“ persönlich in die Hand. „Nach fünf Minuten rief mich der Kommandant zu sich in seine Kammer, forderte mich auf, Platz zu nehmen“, erinnert sich der ehemalige Pilot der Marineflieger. „Feststellend, dass es kurz vor Mitternacht sei und ich dann ja Geburtstag habe, holte er eine Flasche Cognac und zwei Schwenker aus seinem Spind. Bis weit hinein in meinen Ehrentag prosteten wir uns zu und sprachen miteinander. Anschließend war mein Versetzungsgesuch vom Tisch. Details dazu entzogen sich nach dem Aufwachen meiner Erinnerung.“

Augenblicke der Entspannung sind für die Kadetten eher die Ausnahme – damals wie heute.

Ostern 1962: Bordhund Whisky bewacht die Ostereier für die Besatzung in den Waschzubern.

Kurs New York

Einen Vorgeschmack auf das, was sie jenseits des Atlantiks erwartete, erhielt die Besatzung nach 17 Seetagen bei einem dreitägigen Zwischenstopp in Santa Cruz de Tenerife. Ein Besuch des deutschen Militärattachés und des Konsuls stand auf dem Programm, heftiger Presserummel und natürlich Landgang auf der Kanarischen Insel.

Am 4. Mai 1962 kam um 11 Uhr die US-Küste in Sicht. Vier Stunden später steuerte die Bark unter Assistenz eines Lotsen ihren Ankerplatz in Graves End an, um am folgenden Tag unter Vollzeug, vorbei an der Statue of Liberty, zum Liegeplatz 86. der United States Line zu fahren. Ernst-A. Schneider: „Wir machten vor dem Anlegen Reinschiff bis zum Umfallen und die Anzugsmusterungen vor dem Landgang waren penibel wie nie zuvor – alles blitzte und glänzte für das große Abenteuer Big Apple. Schon das Einlaufen war gigantisch, wir wurden flankiert von einer Armada von Booten und Schiffen, in der Luft waren zahlreiche Hubschrauber. Nach dem Festmachen strömten Militärs von der US-Navy, Politiker und Journalisten an Bord. Die Resonanz war umwerfend und riss in den kommenden sieben Tagen auch nicht ab.“

Für die Betreuung von Schiff und Besatzung war der amerikanische Flugzeugträger „USS Essex“ verantwortlich: „Man kümmerte sich vorbildlich um uns, stellte Besichtigungsprogramme auf die Beine und begleitete uns auf den Landausflügen. Selbst unsere Wäsche wurde auf dem Flugzeugträger gewaschen, was allerdings dazu führte, dass unsere dicken Woll-Troyer anschließend durch die Bank zwei Nummern kleiner waren.“

Repräsentative Pflichten

Neben den Empfängen an Bord lud das deutsche Konsulat zu einem glamourösen Cocktailempfang ins Hotel Waldorf Astoria ein, was den jungen Kadetten schwer beeindruckte. Zweimal war er zu Gast in amerikanischen Familien, offizielle Visiten bei der berühmten Kadettenschmiede West Point der US-Army und Kings Point, der Akademie der Handelsmarine, schlossen sich an.

Das strenge militärische Korsett war, wie bei solch offiziellen Anlässen üblich, weitgehend aufgehoben. Allerdings: Uniform und Manieren mussten perfekt sein. Die gesamte Gorch Fock-Besatzung war in New York Repräsentant ihrer Nation, ein vielschichtiger Austausch mit der amerikanischen Bevölkerung das Kernziel des Unterfangens.

Der Erste Offizier – Fregattenkapitän Hans Engel, der nach dieser Reise das Kommando der Gorch Fock übernahm – gewährte der Besatzung während des gesamten Aufenthalts Landgang bis morgens um zwei Uhr. „Wir haben das pulsierende Leben in den Straßenschluchten von Manhattan, das Neonlicht und die coole Hektik aufgesogen wie ein trockener Schwamm“, sagt Ernst-A. Schneider zurückblickend. „Wall Street und 5th Avenue waren natürlich Pflichtprogramm, ebenso das Rockefeller-Center und das Empire State Building. Als enthusiastischer Jazz-Liebhaber konnte ich Duke Ellington und Gene Krupa live erleben ... Fantastische Impressionen, während

Kurze Besuche in Gastfamilien gehören bei offiziellen Anlässen auch heute noch zum diplomatischen Programm der Gorch Fock-Besatzung.

Auch in New York mischte Bordhund Whisky in der ersten Reihe mit, hier auf den Armen von Kapitän zur See Wolfgang Erhardt während eines Empfangs von Vertretern aus Politik und von der US Navy.

die Städte in unserer Heimat noch deutlich die Narben des Zweiten Weltkrieges aufwiesen."

Ein Kamerateam um den ZDF-Auslandskorrespondenten Werner Becker produzierte in New York einen Fernsehbericht über Schiff und Besatzung. In einer längeren Sequenz – natürlich in Schwarzweiß – tauchte auch Ernst-A. Schneider darin auf: „Meine Mutter war bannig stolz, als ihr Filius abends im TV über die Mattscheibe flimmerte, während ich zur selben Zeit irgendwo mit östlichem Kurs im Atlantik Richtung Heimat schipperte."

Whisky in Quarantäne

Eine Episode und vor allem ihr Protagonist dürfen an dieser Stelle nicht unerwähnt bleiben. Kurz nach der Indienststellung erhielten Schiff und Besatzung ein vierbeiniges Geschenk, eine Foxterrier-Dame. Der Welpe erhielt den Namen Whisky und nahm als Bordhund teil an den Reisen der Gorch Fock. Scherzhaft mit dem Dienstgrad Obermaat versehen, degradierte ihn die Schiffsführung nach einem Fehlverhalten – eine Zeitung bezeichnete ihn als bissigsten Vorgesetzten auf dem Segelschulschiff – zum Hauptgefreiten.

Auch in New York fiel Whisky mehrfach dumm auf. Auf die Spitze trieb es der streitbare Terrier, als er kurz vor dem Auslaufen während der Abschlusspressekonferenz einen Reporter in die Wade biss. Die US-Veterinärbehörde verstand keinen Spaß und nahm den schwanzwedelnden Giftzwerg in Einzelhaft, sprich Quarantäne. Als er entlassen wurde, war die Gorch Fock längst in See. Doch die Amis erwiesen sich einmalmehr als gute Gastgeber und schickten die Terrier-Dame mit einem Boot der US-Coast Guard hinterher, wo sie auf Höhe des Feuerschiffes Ambrose übergeben wurde.

Knapp einen Monat, unterbrochen von einem zweitägigen Besuch in Ponta Delgada auf den Azoren, dauerte die Heimreise nach Kiel. Am 6. Juni 1962 stellte die Gorch Fock mit einem Etmal von 271,3 Seemeilen – die gesegelte Distanz innerhalb von 24 Stunden – einen neuen Weltrekord für ihre Schiffsklasse auf.

Reichlich Zeit für Ernst-A. Schneider, um die fast erschlagenden Eindrücke zu verarbeiten. Nach den anfänglichen Dissonanzen hatte er längst seinen Frieden mit der Gorch Fock gemacht. Und

Einlaufend Ponta Delgada auf den Azoren, das einzige Etappenziel während der Rückreise über den Atlantik.

Fregattenkapitän a.D. Schneider mit einem Modell „seiner" Albatross, seine an Bord der Gorch Fock *gemachten seemännischen Erfahrungen kamen ihm als Pilot des Flugboots zugute.*

als Pilot bei den Marinefliegern partizipierte er später ganz praktisch von seinen hier gemachten seemännischen Erfahrungen: Er wurde Flugzeugführer auf der Grumman HU-16 Albatross, einem im Seenotrettungsdienst eingesetzten Flugboot. Während des Starts und der Landung, oftmals auf der Kieler Förde, handelte es sich praktisch und juristisch um ein Wasserfahrzeug, das zudem über die entsprechende nautische Grundausrüstung verfügte. Die dafür erforderliche Zusatzqualifikation zum Pilotenschein meisterte Ernst-A. Schneider mit Leichtigkeit.

Diplomatischer Auftrag

Buchautor Manfred Ohde hat die Gorch Fock in seinem Buch zum 50. Geburtstag des Schiffes als „Botschafterin unter weißen Segeln" betitelt. Eine mehr als passende Bezeichnung! Abermals ging die Reise 1964 nach New York, wo das weiße Segelschiff sein Heimatland bei der Weltausstellung repräsentierte. 1974 machte es als erstes deutsches Marineschiff im polnischen Gdynia, dem ehemals deutschen Gotenhafen, nahe bei Gdansk, ehemals Danzig, fest, 35 Jahre nach dem dortigen Ausbruch des Zweiten Weltkrieges. 1988 schließlich war es auch die Gorch Fock, die unter der Flagge der Seestreitkräfte der Bundesrepublik Deutschland das israelische Haifa besuchte und erstmals deutsche Soldaten israelischen Boden betraten – 43 Jahre nach dem Ende des Zweiten Weltkrieges. Weitere Besuche in Israel folgten. Die Teilnahme an Feierlichkeiten zu bedeutenden Jubiläen wie der 200-jährigen Unabhängigkeit der USA 1976 und der 200-jährigen Unabhängigkeit mehrerer südamerikanischer Staaten von Spanien im Jahr 2010 waren ebenfalls Basis entsprechender Reiseplanungen, die im Übrigen grundsätzlich im Dialog mit dem Auswärtigen Amt vorgenommen werden. 1992 war das Schiff anlässlich der Feierlichkeiten zur 500. Wiederkehr der Entdeckung Amerikas durch Christoph Columbus ganze acht Monate unterwegs. Diese Liste ließe sich beliebig erweitern.

Impressi

Impressionen: Segel, Masten, Tauwerk ...

Segeln – wie funktioniert das überhaupt? Eine Bark wie die Gorch Fock zu navigieren ist eine komplexe Herausforderung, bei der diverse verschiedene Einflussfaktoren und Stellschrauben eine Rolle spielen. An dieser Stelle eine durchaus anspruchsvolle Exkursion in die physikalischen Zusammenhänge.

„A sailing ship´s course is the direction the skipper wants to go – and the wind comes from“, heißt es etwas flapsig in der Sprache der englischen Seeleute. Ins Deutsche übersetzt: Für den Segler weht der Wind immer genau aus der Richtung, in die der Kapitän mit seinem Schiff segeln will. Das passiert durchaus, aber bei weitem nicht immer. In allen anderen Lagen ist das Segel ein seit Jahrhunderten bewährter Antrieb für die Fortbewegung auf dem Wasser.

Wie funktioniert nun der Vortrieb durch den Wind im Segel? Die sogenannte Segeltheorie ist dabei für alle Boots- und Schiffstypen iden-

Bei jedem Manöver herrscht an Deck und vor den Nagelbänken „Whooling“, wie der Seemann sagt ...

Antriebskräfte

Der Wind erzeugt durch seine Wirkung auf das Segel eine Antriebskraft, die in zwei Kategorien unterschieden wird. Trifft er in einem großen Winkel auf das Segel, wird er nur abgebremst und wir sprechen von der „Antriebskraft durch Widerstand". Trifft der Wind in flachem Winkel auf das Segel, wird er nicht abgebremst, sondern abgelenkt. Es entsteht eine aerodynamische Situation ähnlich der einer Tragfläche am Flugzeug und wir sprechen in diesem Fall daher von einer „Antriebskraft durch Auftrieb".

Das Bedienen der Segel erfolgt in weiten Teilen an Deck, eine wichtige Komponente sind dabei die verschiedenen Nagelbänke, hier am Fockmast.

tisch, egal ob es sich um eine kleine Segeljolle mit nur einem oder zwei Schratsegeln oder um einen rahgetakelten Großsegler handelt. Für den Laien an dieser Stelle zunächst zwei Begriffe, die wichtig sind und in der Folge immer wieder auftauchen: Zum einen Luv, die dem Wind zugewandte Seite des Schiffes. Und anderseits Lee, die vom Wind abgewandte Seite. Die folgenden Erläuterungen werden durch einige grafische Darstellungen aus der Segelanleitung für die GORCH FOCK optisch ergänzt.

Bild rechts: Raumschotskurs liegt an.

Soll die Stellung der Rahsegel zum Wind verändert werden, müssen alle fünf Brassen einer Seite gleichzeitig geholt werden, aber zusätzlich auch, wie hier im Bild, der Toppnant, der untersten Rah auf der gleichen Seite, um die Rahen samt Segel auch in der Horizontalen auszurichten.

Der Antrieb durch Widerstand ist hauptsächlich dann relevant, wenn der Wind aus achterlicher Richtung kommt, man die Segel quer zur Windrichtung stellt und der Wind den Segler quasi vor sich hertreibt. Hier spricht man – dargestellt auf Abbildung 1 – vom „Vorm-Wind-Kurs". Ändert sich die Windrichtung oder der Kurs, ändert sich der Einfallswinkel des Windes. Kommt der Wind aus einem achterlichen Quadranten, nennen wir ihn „raumschots", fällt er genau von der Seite ein, heißt er „halber Wind". Kommt er aus einem vorderen Quadranten, fährt das Boot oder

Graphische Darstellungen der Segeltheorie

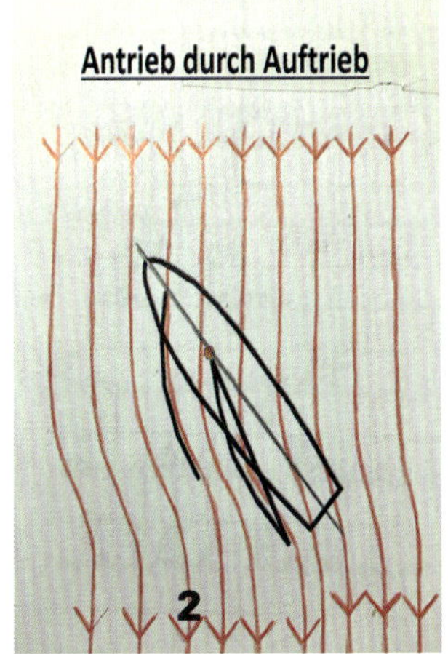

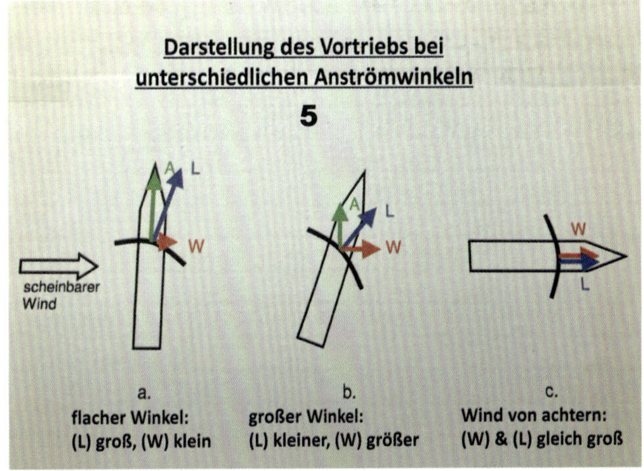

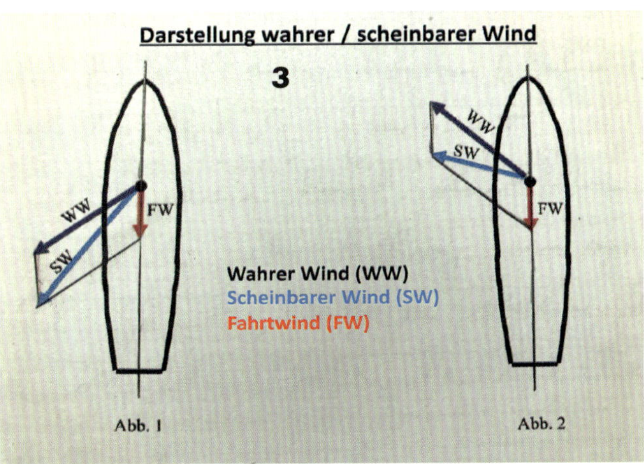

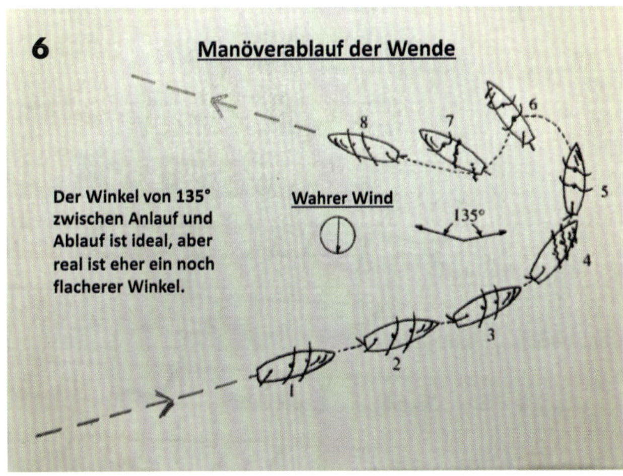

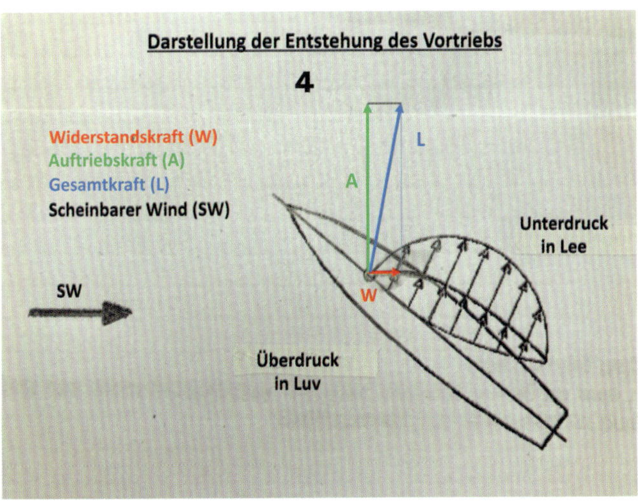

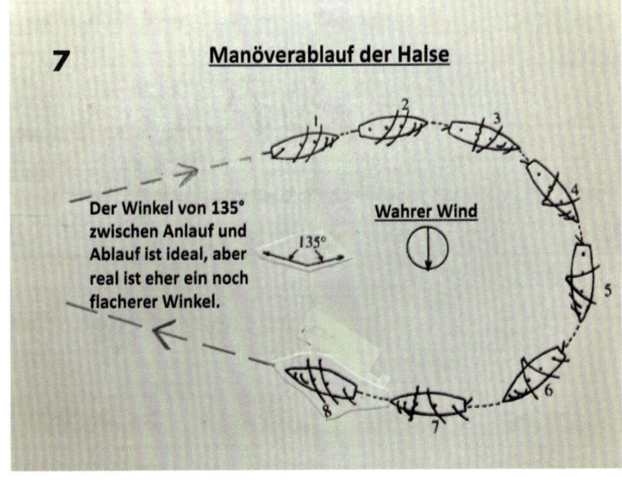

Aufentern zum Arbeiten in der Takelage über die Wanten, die aus den Hoftauen, den seitlichen Verstrebungen der Masten, bestehen, in die mittels eines speziellen Knotens die Webleinen als Trittstufen eingewebt sind.

Rechts oben: Auf den Fußpferden an der Hinterseite einer Rah stehend, erledigen die Toppsgasten kleinere Reparaturarbeiten an den Rahsegeln.

Unten: Selbstverständlich muss die Besatzung auch nachts sicher in der Takelage arbeiten können, was hier bei der Segelvorausbildung im Heimathafen in Kiel trainiert wird.

Schiff einen „Am-Wind-Kurs" bis hin zum „Kurs hart am Wind", der die Grenze des physikalisch Möglichen darstellt. Aus achterlichen Richtungen besteht die Antriebskraft zunächst aus einer Mischung von Widerstand und Auftrieb, aber je weiter vorlich der Wind einfällt, umso mehr verliert der reine Widerstand seine Bedeutung, dargestellt in Abbildung 2.

Wahrer und scheinbarer Wind

Der Wind ist das A und O für das Segeln, aber um ihn und seine Kraft am Segel zu verstehen, müssen wir auch ihn zunächst in zwei Kategorien einteilen: Der wahre Wind ist der Wind nach Richtung und Stärke, so wie er tatsächlich weht, völlig simpel. Der scheinbare Wind dagegen setzt sich aus zwei Komponenten zusammen, dem wahren Wind und dem Fahrtwind des Seglers. Dieser entspricht der Geschwindigkeit des Seglers in entgegengesetzter Richtung. Die Resultierende aus diesen beiden Vektoren ergibt den scheinbaren Wind. Auch dieser lässt sich anhand einer einfachen Skizze – Abbildung 3 – schematisch darstellen, die aus den drei eben genannten Vektoren besteht: Wahrer Wind (WW), Scheinbarer Wind (SW) und Fahrtwind (FW).

Aus dieser Darstellung ergibt sich, dass der scheinbare Wind fast immer vorlicher einfällt als der wahre Wind. Lediglich bei Wind genau von achtern trifft dies nicht zu, weil dann bei-

de hinsichtlich ihrer Richtung identisch sind. Kommt der scheinbare Wind zudem aus einem vorlichen Sektor bis querab, ist er immer stärker als der wahre Wind, wie in der linken Grafik zu sehen. Fällt er dagegen aus einem achterlichen Quadranten ein, ist er grundsätzlich schwächer als dieser, wie die Grafik rechts zeigt.

Wichtig ist, dass der scheinbare Wind jener Luftstrom ist, mit dem das Schiff vorwärts bewegt wird. Allerdings ist dieser abhängig von Richtung und Stärke des wahren Windes, von der Stärke des erzeugten Fahrtwindes und dem Kurs zum wahren Wind.

Entstehung des Vortriebs

Die Kraft des Windes, die auf ein Segel wirkt, erzeugt den Vortrieb. Im Falle des Windes von achtern durch den Widerstand, den das Segel dem Wind bietet. Im Falle seitlich einfallenden Windes, also auf Kursen von raumschots bis am Wind, kommt dagegen der Antrieb durch Auftrieb mehr zum Tragen, der auch deutlich effektiver ist als der Antrieb durch reinen Widerstand. Hier wird das Segel so gestellt, dass der Wind in einem flachen Winkel, idealerweise zwischen 10 und 20 Grad, auf das leicht bauchig getrimmte Segel trifft. Dadurch wird er abgelenkt. Auf der Luvseite entsteht durch diese Ablenkung eine Verlangsamung des Windes und ein Überdruck, auf der Rückseite, also in Lee, eine Beschleunigung und dadurch ein Unterdruck. Beides zusammen ergibt den aerodynamischen Effekt des Auftriebs, dessen Kraft nach Lee wirkt. Die eingangs bereits erwähnte Auftriebskraft wirkt dabei im rechten Winkel zur Windrichtung, eine nicht auszuschließende restliche Widerstandskraft wirkt in Richtung des Windes. Die Resultierende aus beiden Kräften ergibt die Gesamtkraft, wie es auf der Abbildung 4 erkennbar ist. Sie wirkt grundsätzlich nach Lee. Dort teilt sie sich wiederum auf in den eigentlichen

Mix aus Rahsegeln und Stagsegeln am Großmast bei gutem Segelwind auf einem Am-Wind-Kurs auf Steuerbord-Bug, von achtern ...

Vortrieb, aber zusätzlich in eine Querkraft, die sich als Abdrift bemerkbar macht. Wenn er auf einem festgelegten Kurs segeln will, muss der Skipper am Ruder immer etwas nach Luv vorhalten, um die Abdrift wieder auszugleichen. Je höher er am Wind segelt, desto größer wird die Abdrift. Abbildung 5 zeigt, dass die Gesamtkraft bei optimalem Anströmwinkel am größten ist, weil die Widerstandskraft nur sehr klein ist. Ein größerer Anströmwinkel bewirkt, dass der Widerstand größer, Auftrieb und Gesamtkraft hingegen deutlich kleiner werden. Die Geschwindigkeit nimmt ab, während die Abdrift zunimmt.

... und von vorne gesehen. Wegen des recht starken Windes sind die beiden oberen Etagen der Rahsegel nicht gesetzt – Sturmbesegelung.

Der Wind arbeitet gerne mit, ob gewollt oder nicht.

Das Schothorn eines Rahsegels auf die Rah zu holen um daran zu arbeiten, erfordert durchaus Kraft.

Besonderheiten für Rahsegler

Das Rahsegel dürfte wohl die ursprünglichste Form des Segels sein, wie man sie auf antiken Abbildungen aus der Zeit der Ägypter, der Phönizier und später der Wikinger findet. Auch die Koggen der Hanse führten ausschließlich Rahsegel. Anfänglich waren diese Segel ausschließlich für Winde von achtern geeignet und wurden erst durch Weiterentwicklungen, insbesondere durch gemischte Takelungen zusammen mit Schratsegeln deutlich flexibler.

Yachten aller Typen tragen hingegen generell nur Schratsegel. Dies sind alle Segel, deren sogenannte Profilsehne in Ruheposition parallel zur Schiffslängslinie verläuft. So ist die Flexibilität hinsichtlich der Stellung der Segel zum Wind sehr groß und die so getakelten Segelfahrzeuge können vergleichsweise hoch an den Wind gehen.

Auch die Gorch Fock verfügt über eine Reihe von Schratsegeln wie die dreieckigen Stagsegel vor und zwischen den Masten sowie die Gaffelsegel am achteren Besanmast. Den Hauptantrieb stellen jedoch die Rahsegel dar, die mit ihrer Profilsehne in Ruheposition quer zur Schiffslängslinie stehen. Hinsichtlich ihrer Positionierung zum Wind sind sie allerdings begrenzt, hauptsächlich durch die Pardunen, die den Mast zur Sei-

Das Einpacken eines Segels auf der Rah erfordert ein wenig Übung, aber im Team gelingt es gut.

te und nach achtern versteifen. An ihnen endet die Möglichkeit, die Rahen mittels der an ihren äußersten Enden angreifenden Brassen schräg zur Schiffslängslinie zu stellen. Da immer noch der Anströmwinkel von 10 bis 20 Grad am Segel berücksichtigt werden muss, kann der Rahsegler im günstigsten Fall bis etwa 60 Grad an den Wind gehen. Je nach Gesamtkonstellation bedeutet das einen Winkel von ungefähr 80 Grad zum wahren Wind, was nicht sehr viel ist, wenn man vor der ganz zu Anfang erwähnten Situation steht, dass der Wind genau daher kommt, wo man hin will.

Auch das passiert: Das defekte Vorroyalsegel wird abgeschnitten und auf das Oberdeck abgefiert.

Wende und Halse

Während die Yacht zum einen hoch an den Wind gehen und zum anderen sehr leicht wenden kann, also mit der Nase durch den Wind geht, dabei keinen Raum verliert und so auch gegen den Wind voran kommt, sieht das für den Rahsegler völlig anders aus. Auch dieser kann wenden, wie in Abbildung 6 erkennbar ist, doch dazu müssen die Bedingungen stimmen. Man fällt etwas nach Lee ab, um die Geschwindigkeit für den Schwung der anschließenden Drehung zu erhöhen, vermindert dann durch Wegnehmen der vorderen Segel dort den Druck und erhöht gleichzeitig achtern den Druck durch den Besan. Dann legt man hart Ruder nach Luv, um mit dem Schwung der Fahrt im Schiff, die sofort abnimmt, den Bug durch den Wind zu bringen. Ist das gelungen, setzt man die vorher nieder geholten Vorsegel wieder und drückt so das Schiff weiter auf den neuen Bug. An diesem Punkt ist das Schiff in der Regel fast oder auch ganz zum Stillstand gekommen. Bei gröberem Seegang kann es passieren, dass der Schwung nicht ausreicht und das Schiff im Manöver steckenbleibt, bevor der Bug durch den Wind ist. Das Manöver bedeutet für die Mannschaft an Deck ohnehin viel Arbeit – die sich bei solchem Missgeschick noch etwa verdoppelt.

Beispiel Gorch Fock: Das Wendemanöver ist im Regelfall ein sogenanntes Alle-Manns-Manöver, weil es nicht zuletzt auf die richtige zeitliche Abfolge der einzelnen Manöverschritte ankommt. Sind alle 23 Segel gesetzt, so sind dies rund 2000 Quadranten, zu denen etwa 200 Bedienleinen mit einer Gesamtlänge von ungefähr 10 Kilometern gehören, von denen ein Großteil

Das Vorbereiten der Stagsegel zum Setzen erfordert mitunter ein gewisses Maß an Akrobatik.

Ganz vorne auf dem Bugspriet ist zum Arbeiten an den Vorsegeln kaum Platz zum Stehen. Hier wird der Jager zum Setzen klargemacht.

während des Manövers geholt beziehungsweise gefiert – und nach Abschluss des eigentlichen Manövers auch wieder getrimmt und aufgeklart werden müssen.

Die Alterative zur Wende ist die auf Abbildung 7 skizzierte Halse, bei der das Schiff mit dem Heck durch den Wind geht.

Yachten nutzen diese Variante selten und ungern, weil sie auf diesen Seglern durch eventuell unkontrollierte Bewegungen des Baumes des Hauptsegels eher gefährlich ist. Auf dem Rahsegler ist dies das Manöver, das ungefährlich ist und in allen Lagen gelingt. Es erfordert auch nicht die gesamte Mannschaft an Deck und kann bei günstigen Bedingungen mit nur einer Segelwache gefahren werden. Nachteil: Es geht immer ein Stück bereits gewonnenen Luvraumes wieder verloren.

Gegen den Wind

Grundsätzlich kann ein Rahsegler wie die Gorch Fock nur stark eingeschränkt kreuzen. Wenn genügend Raum vorhanden ist, um lange Schläge vom einen bis zum jeweils nächsten Wendepunkt zu segeln, geht es durchaus, kostet aber sehr viel Zeit und Arbeit, die ein Schiff, das nach einem festen Zeitplan unterwegs ist, in der Regel nicht hat. Das Aufkreuzen eines Kurses mit nur wenig Raum, oder gar einer schmalen Meerenge, ist dagegen im Grunde aussichtslos. Wenn dennoch auf der ganzen Welt über Jahrhunderte Segelschiffe in aller Regel ihr Ziel erreicht haben, so liegt das nicht zuletzt daran, dass die Kapitäne, Nautiker und Seeleute allgemein die regionalen und globalen Strömungsverhältnisse von Wind und Wasser genutzt und diese auch von vornherein in ihre jeweilige Reiseplanung einbezogen haben – so wie es beispielsweise die Schiffsführung der Gorch Fock bei der Planung der Reise rund Kap Hoorn getan hat.

Es bedarf harter Arbeit, vieler zupackender Hände und vor allem Wind aus der perfekten Richtung, um die Gorch Fock auf solch prachtvolle Weise auf ein Foto zu bannen.

Albatro

Albatros: Sturmerprobte und doch fragile Galionsfigur

Der goldene Albatros – dynamisch und elegant gestaltet – ziert das Segelschulschiff unter dessen Bugspriet. Die Geschichte der Galionsfigur verlief nicht immer ganz gradlinig.

Galionsfiguren vereinen Symbolik, Aberglaube und Traditionen in sich, knüpfen ein ideelles Band zwischen Schiff, Besatzung und seinem Eigner. Kunstvolle Bugverzierungen können an Hand früher Schiffsbildnisse und archäologischer Funde bereits in der Frühgeschichte der Seefahrt nachgewiesen werden. Sie finden sich auf römischen Galeeren ebenso wir am Steven der Wikingerschiffe oder spanischen Galeonen. Zarte sowie kraftvolle Frauengestalten und Nixen dienten in der Blütezeit der Großsegler als Motiv, ebenso wehrhafte Raubtiere, Krieger oder Ritter. Oftmals betrachteten die Besatzungen

Seit 2004 trotzt der nunmehr sechste Albatros am Bug der Bark den Elementen.

Heinrich Schroeteler (li.), Schöpfer der Gallionsfigur, 1964 bei einem Kameradschaftstreffen ehemaliger U-Bootfahrer.

die Galionsfigur ihres Schiffes als Schutzpatron oder Talisman, von dem ein glücklicher Ausgang einer Reise abhing. Für ihre Gorch Fock wählten die Verantwortlichen der noch jungen Bundesmarine den Albatros als Vorbild für die Galionsfigur. Diese majestätischen, fast ausschließlich auf der Südhalbkugel lebenden Seevögel erreichen eine Flügelspannweite von bis zu 3,50 Metern und können älter als 70 Jahre werden. Bis ins 20. Jahrhundert hinein existierte der Aberglaube, dass die Seelen der auf den Ozeanen ums Leben gekommenen Seeleute in den Albatrossen weiterleben. Einen solchen Vogel zu töten, brachte Unglück über Schiff und Besatzung, so die seinerzeit in maritimen Kreisen weitverbreitete Denkweise.

Seevogel überzeugt

Bereits in der frühen Planungsphase für den Neubau eines Segelschulschiffes der Bundesmarine stellte sich die Frage nach einer Galionsfigur. Ein martialisch wirkender Hoheitsadler kam angesichts der neuen Rolle der deutschen Seestreitkräfte kaum mehr als eine Dekade nach dem Ende des Zweiten Weltkriegs nicht in Frage. Da warf der Künstler und ehemalige Marineoffizier Heinrich Schroeteler unaufgefordert einen eigenen Entwurf in die Diskussion, einen stilisierten Albatros, den er zunächst als Seevogel betitelte.

Bis zu 3,5 Meter beträgt die Spannweite eines Albatros.

Der 1915 in Essen geborene Heinrich Schroeteler hatte während seiner dreijährigen Kriegsgefangenschaft in Großbritannien das Kunsthandwerk des Bildhauers erlernt, verfügte gleichzeitig über tiefe Innenansichten in das Wesen der Marine. 1936 trat er als Seeoffizieranwärter in die Kriegsmarine ein und wurde zwei Jahre später, nach seiner Beförderung zum Leutnant, zunächst Wachoffizier und anschließend Kommandant eines Minensuchbootes. 1941 wechselte er zur U-Bootwaffe. Auf U 96, bekannt aus dem Film „Das Boot“, absolvierte er eine Feindfahrt als Erster Wachoffizier. Es folgten vier erfolglose Feindfahrten mit U 667 als Kommandant mit dem Dienstgrad Kapitänleutnant sowie eine zehnmonatige Verwendung als Admiralstabs- und anschließend Ausbildungsoffizier. Kurz vor Kriegsende versenkte er als Kommandant von U 1023 einen norwegischen Minensucher und ein britisches Frachtschiff, wofür er am 2. Mai 1945 mit dem Ritterkreuz ausgezeichnet wurde. Kapitänleutnant Schroeteler übergab das Boot am 10. Mai 1945 in Weymouth an die Royal Navy. Im Rahmen der Operation Deadlight wurde U 1023 am 8. Januar 1946 im Nordatlantik nordwestlich von Irland versenkt.

Mit Blattgold veredelt

Heinrich Schroeteler entwickelte im Auftrag der Bundesmarine zunächst ein Modell, das auf

Montage des ersten Albatros im Sommer 1958.

positive Resonanz stieß. Er erhielt den Auftrag zur Schaffung der Galionsfigur, die von Erwin Kroggel und Franz Kowalski in der Werkstatt der Firma Westholz in Bochum praktisch ausgeführt wurde. Die beiden Schreinergesellen arbeiteten tatsächlich in ihrer Freizeit an der Großplastik, selbstverständlich mit dem Einverständnis ihres Chefs. Montiert wurde der goldene Albatros mittels schwerer Bolzen unmittelbar nach der Schiffstaufe Ende August 1958. Auf einer mittels Persenning wettergeschützten Plattform befestigte der Künstler sein schwergewichtiges Werk persönlich und mit Hilfe einiger Werftarbeiter unter dem Bugspriet der Bark. „Von einer beispiellosen Dynamik mit herrlichen Lichtreflektionen in den durchbrochenen Flügeln, aus Eschenholz, blattvergoldet", fand Gerd Meyer-Haake, Leiter Konstruktion bei Blohm + Voss, treffende Worte für das 3,95 Meter lange und 3 Tonnen schwere Kunstwerk. Übrigens: Auch

Links:
Auch die Verzierungen am Heck entstanden nach einem Entwurf von Heinrich Schroeteler.

Rechts:
Figur Nummer 2, heute öffentlich ausgestellt an der Schleibrücke in Kappeln.

Gorch Fock-Chronist Manfred Ohde im Herbst 2000 mit dem zerbrochenen Albatros Nummer 3 auf der Elsflether Werft.

die ornamenthafte, das Kielwasser abstrakt abbildende Heckverzierung mit dem Hamburger Wappen folgte einem Entwurf von Heinrich Schroeteler.

Schwere Wetter fordern Tribut

Da der Bug der Gorch Fock bei schwerem Seegang tief eintaucht, ist ihr Albatros gewaltigen Kräften ausgesetzt. Ein Umstand, der in der Vergangenheit Verluste mit sich brachte. Mittlerweile ziert bereits das sechste Exemplar das Segelschulschiff, wobei die Formgebung bis auf wenige Details bei allen Figuren gleich blieb. Die ursprüngliche Galionsfigur aus dem Jahr 1958 riss nach nur wenigen Jahren bei Windstärke 7 ab und ging in der Nordsee auf Tiefe. Der Ersatz war abermals aus Holz, musste aber aus Gewichtsgründen 1969 ausgetauscht werden. Die Figur wurde anschließend als Großexponat vor dem Marinestützpunkt Olpenitz bei Kappeln in Schleswig-Holstein aufgestellt. 2006 löste man den Heimatstandort von zwei Schnellboot- und einem Minensuchgeschwader auf und verkaufte die Liegenschaft. Nach gründlicher Restaurierung fand der zweite Albatros am südlichen Brückenkopf der Schleibrücke in Kappeln einen

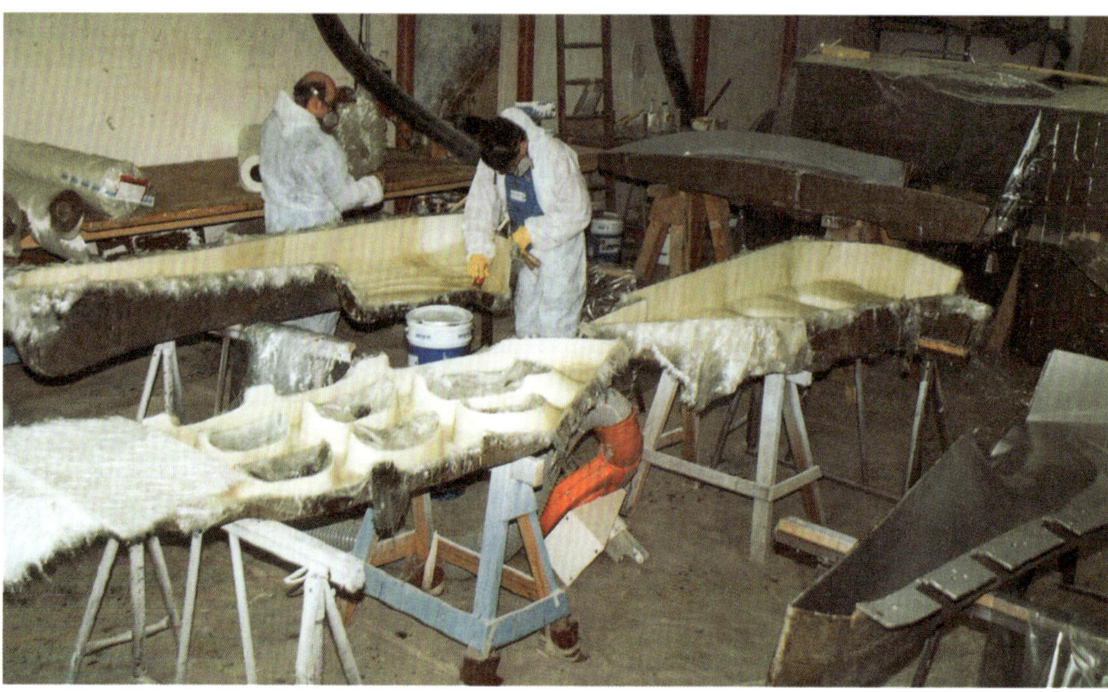

Mittels zweier Negativformen entsteht das vierte Exemplar aus GFK.

neuen öffentlich zugänglichen Ausstellungsort.
Der dritte Albatros wurde von Blohm + Voss aus Polyester hergestellt, einem deutlich leichteren Werkstoff. Dazu fertigte man zunächst ein maßstabsgetreues Modell und im zweiten Schritt die erforderlichen Negativformen. Er zerbrach, als er bei einer Überholung der Gorch Fock in der Elsflether Werft von 2000 bis 2001 demontiert werden musste, da die Flächen dahinter korrodiert waren und rostiges Wasser aus dem Albatros lief.
Die vierte Galionsfigur bestand aus zwölf Lagen mit Kunstharz bestrichenen Glasfasermatten, wobei die ausführende Firma auf die bei der Marine eingelagerten Negativformen zurückgriff. Sie ging in der Nacht zum 11. Dezember 2002 bei Schwerwetter im Ärmelkanal verloren. Als Konsequenz aus diesem Verlust landete der Albatros 2003 auf der roten Liste für Steuerverschwendung.
Den neuerlichen Ersatz fertigten nun die Schiffsbildhauer Birgit und Claus Hartmann, die sich auf der Weserinsel Harriersand ganz auf das Schnitzen von Galionsfiguren spezialisiert haben. Dieser fünfte Albatros entstand aus Eschenholz und war mit Awlgrip Pale Gold bemalt. Er brachte 350 Kilogramm auf die Waage und kostete 25 000 Euro. Auch ihm war kein Glück beschieden: Am 5. Dezember 2003 verlor die Gorch Fock diese Galionsfigur rund 100 Seemeilen westlich der französischen Küste in der stürmischen Biskaya.
Der nunmehr sechste Albatros besteht aus kohlenstofffaserverstärktem Kunststoff und ist zur zusätzlichen Stabilisierung in seinem Inneren von einem Edelstahlgerippe durchzogen. Die komplett geschlossene Figur entstand in einem Stück, um der Konstruktion deutlich mehr Festigkeit zu geben. Sie entstand bei der Firma Fiberglas Technik aus Neu Wulmsdorf nahe Hamburg und ziert – zwischenzeitlich in vielen Stürmen erprobt – den Steven des weißen Dreimasters bis heute.

Wertgeschätzter Kunstexperte

Bedingt durch Krieg und Gefangenschaft war Heinrich Schroeteler hinsichtlich seiner künstlerischen Karriere ein Spätberufener. Erst im Alter von 50 Jahren schrieb er sich für ein Studium der Kunstgeschichte, Archäologie und mittelalterlichen Geschichte an der Ruhr-Universität Bochum ein, das er 1969 mit seiner Promotion abschloss. Anschließend arbeitete er dort als wissenschaftlicher Mitarbeiter am Institut für Archäologie, leitete die Modellbauwerkstatt und war Sammlungskurator. Für sein Mitwirken bei der Rekonstruktion antiker Kunstwerke – darunter die Polyphemgruppe von Sperlonga in Italien und der Polyphem-Giebel von Ephesos in der Türkei – zeichnete man ihn1981 mit der Universitätsmedaille der Ruhr-Universität aus. In seinem Atelier auf der Zeche Lothringen schuf er zahlreiche Skulpturen, Mosaike und Glasfenster, die vorwiegend in Nordrhein-Westfalen zu sehen sind. Dr. phil. Heinrich Schroeteler verstarb am 19. Januar 2000 im Alter von 84 Jahren in Bochum.

Im Auge des Albatros – Sonnenaufgang in fernen Gestaden.

Kap Ho

Rund Kap Hoorn – Abenteuer mit fatalem Ausgang

Anfang 2011 umrundete die GORCH FOCK das legendäre Kap am südlichen Ende Südamerikas. Für Seeleute ein sturmgepeitschter Ort voller Mythen und des Schreckens zugleich. Die Seereise ans andere Ende der Welt stand leider unter einem unglücklichen Stern.

Eine Umrundung des berühmt-berüchtigten Kap Hoorn, an der Südspitze des südamerikanischen Kontinents gelegen, ist vermutlich der heimliche Traum eines jeden passionierten Seglers – der allerdings für die meisten von ihnen nie in Erfüllung gehen dürfte. Auf der exakten geografischen Position 55° 58' 48" südlicher Breite und 67° 17' 21" westlicher Länge markiert es den südlichsten Punkt der Welt, zumindest der bewohnten Welt, von den Landmassen des antarktischen Archipels einmal abgesehen. In anderen Dimensionen gemessen liegt es etwa 3350 Seemeilen oder 6200 Kilometer südlich des Äqua-

Das legendäre Kap Hoorn fotografiert 2011 von Bord der GORCH FOCK – ein Glücksfall, denn allzu häufig verbirgt sich der schroffe Felsen hinter Regenfronten und Nebelschwaden.

orn

Denkmal am Kap Hoorn mit stilisiertem Albatros.

tors – oder rund 15 000 Kilometer von Hamburg entfernt – Luftlinie! Das Kap selbst ist ein etwas mehr als 400 Meter hoher Felsen auf der Isla de Hornos, die zu Chile gehört. Kap Hoorn und die umliegenden Inseln sind seit 1945 Nationalpark und nicht bewohnt.

Das Passieren des Kaps ist durchaus möglich, auch unter Segeln. Insbesondere von Ost nach West, also vom Atlantik in den Pazifik, ist das aber alles andere als einfach, da am Kap Hoorn aufgrund der meteorologischen Bedingungen fast permanent ein strammer Westwind weht und die Seegangsverhältnisse alles andere als gemütlich sind. Dazu etwas später mehr. Die Gewässer rund ums Kap stellen den vermutlich größten Schiffsfriedhof der Erde dar. Soweit dokumentiert, liegen rund 800 Schiffe auf dem Grund des Meeres, und mehr als 10 000 Seeleute haben dort ihr Leben gelassen. Die Dunkelziffer mag höher sein, niemand weiß es.

Anfang 2011 hat auch die Gorch Fock das Kap Hoorn passiert, unter Segeln! Wie kam es dazu? Und was bedeutet der unglückliche Stern?

Historischer Exkurs

Anlass dieser spektakulären Reise des deutschen Segelschulschiffes war seinerzeit das Jubiläum der Unabhängigkeit Südamerikas von Spanien. Dazu zunächst eine Prise Historie für den Hintergrund: Der Entdeckung Amerikas Ende des 15. Jahrhunderts folgte sehr bald die Besetzung und Eroberung der neu entdeckten Gebiete durch europäische Kolonialmächte. Abgesehen vom heutigen Brasilien, das von Beginn an durch Portugal beherrscht wurde, entstanden im übrigen Südamerika, in Mittelamerika und Teilen der Karibik und auch Nordamerikas fast ausschließlich spanische Kolonien. Dieser Status quo blieb für rund drei Jahrhunderte erhalten, bis sich an der Schwelle vom 18. zum 19. Jahrhundert die Ereignisse überstürzten.

Ende des 18. Jahrhunderts waren es in Nordamerika der immer erfolgreichere Unabhängigkeitskrieg, in Europa die Französische Revolution und die daran anschließende Ära Napoleon mit fast globalen Auswirkungen, die jene bestehenden Machtverhältnisse durcheinander brachten. Für Spanien waren es insbesondere die Seeschlacht vor Kap Trafalgar im Jahr 1805, in der die Spanische Armada und die zu dieser Zeit noch verbündete Französische Flotte vernichtend geschlagen wurden, sowie ab 1807 die Besetzung der Iberischen Halbinsel durch Frankreich, welche das Land und seine Stärke zur See erheblich schwächten.

Diese Schwächung erkannten die südamerikanischen Kolonien und nutzten sie aus, indem sie zwar nicht gemeinsam, aber mehr oder weniger gleichzeitig – beginnend im Jahr 1809 und im Schwerpunkt 1810 – ihre Unabhängigkeit vom spanischen Joch erklärten. Es folgten die Befreiungskriege gegen die spanischen Kolonialtruppen. Die tatsächliche Unabhängigkeit erlangten einige der heutigen Staaten erst Jahre später. Peru beispielsweise 1821 und Chile erst 1826, aber letztlich waren alle erfolgreich. Der

Das spanische Segelschulschiff „Juan Sebastian de Elcano“, 2009 einlaufend in Pensacola im US-Bundesstaat Florida und dabei Salutschüsse abfeuernd.

Links: Das venezolanische Segelschulschiff „Simon Bolivar“, hier abgelichtet in Antwerpen während der Tall Ships' Races 2016.

bekannteste Freiheitskämpfer ist sicher der aus Venezuela stammende Simon Bolivar, nach dem heute noch das venezolanische Segelschulschiff benannt ist – und dem der Andenstaat Bolivien seinen Namen verdankt.

Die Loslösung von Spanien hat zwar Jahre gedauert, aber das Jahr 1810 markierte im Grunde den Startpunkt, und so wurde im Jahr 2010 in großen Teilen Südamerikas und auch Mittelamerikas die 200. Wiederkehr der Unabhängigkeit von Spanien gefeiert. Eine der zentralen Veranstaltungen war ein Großseglertreffen mit einer knapp fünfmonatigen Geschwaderfahrt rund um Südamerika. Nach dem Treffen in Rio de Janeiro Anfang Februar 2010 führte die Reise gen Süden mit Besuchen in Argentinien und Uruguay, ums Kap Hoorn weiter nach Chile, Peru und Ecuador, dann durch den Panama-Kanal in die Karibik nach Kolumbien, Venezuela, die Dominikanische Republik zum Zielhafen Veracruz in Mexiko. Rund ein Dutzend der weltweit bekannten Großsegler nahmen teil. Auch die ehemaligen Kolonialmächte Spanien und Portugal waren mit den Segelschulschiffen „Juan Sebastian de Elcano“ und „Sagres II“ der Einladung gefolgt. Natürlich hatten die Gastgeber auch Deutschland eingeladen, die Gorch Fock über den Atlantik zu schicken.

Knifflige Reiseplanung

Der Zeitplan der Feierlichkeiten, insbesondere der des geplanten Großseglertreffens, passten allerdings überhaupt nicht in das Zeitmanagement der Gorch Fock. Anfang 2010 lag sie zwecks routinemäßiger Überholung und Wartung in der Werft. Dennoch sollte die diplomatische Einladung aus Südamerika nicht einfach ausgeschlagen werden.

So wurde eine Reise geplant, bei der die Bark zwar nicht gemeinsam mit anderen Großseglern, aber dennoch als Deutschlands „Botschafterin unter weißen Segeln“ offizielle Besuche in mehreren süd- und mittelamerikanischen Hafenstädten absolvieren sollte. Die Ausbildung

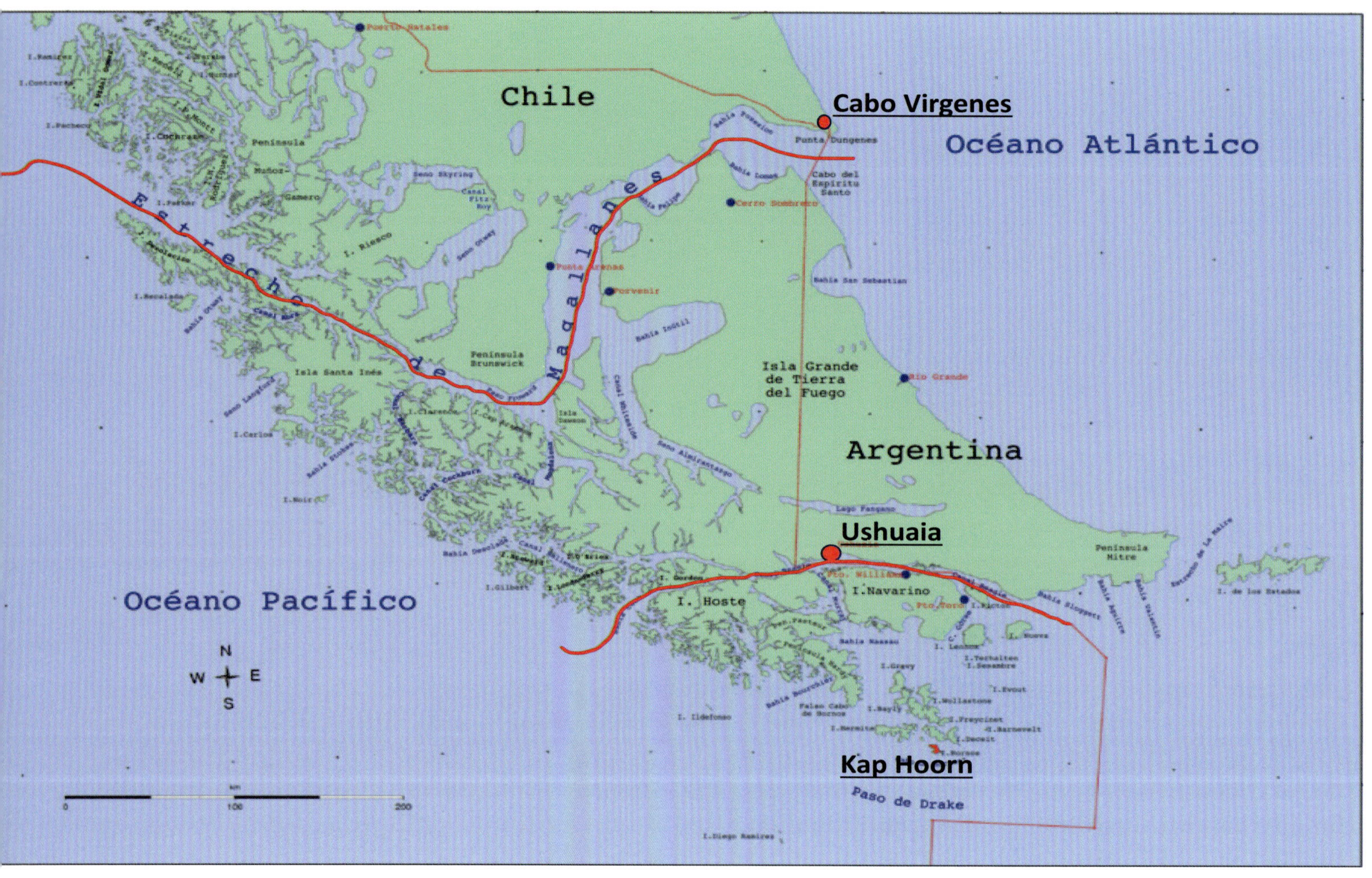

Karte der Südspitze Patagoniens mit Magellan-Straße, Kap Hoorn und Ushuaia im Beagle-Kanal.

der jungen Männer und Frauen der Offizieranwärtercrew VII/2010 wurde in drei Gruppen, sogenannten Törns, darin integriert. Beginnend Ende August 2010 führte die Route über die Kanarischen Inseln nach Salvador de Bahia in Brasilien, dann nach Buenos Aires und Montevideo, die Hauptstädte Argentiniens und Uruguays, rund Kap Hoorn weiter nach Valparaiso in Chile und Lima in Peru bis nach Acapulco in Mexiko. Von dort aus dem Pazifik durch den Panama-Kanal in die Karibik und zurück auf die atlantische Seite nach Cartagena in Kolumbien – und schließlich über Florida, die Bermuda-Inseln und die Azoren wieder zurück, um pünktlich zur Kieler Woche im Juni 2011 nach knapp 10 Monaten und rund 25 000 Seemeilen – oder 46 000 Kilometern, mehr als einer Erdumrundung – wieder in den Heimathafen Kiel einzulaufen.

Einer der mit Spannung erwarteten Höhepunkte der Reise war natürlich die Passage rund Kap Hoorn. Dem Verlauf der Reise nach musste diese von Ost nach West erfolgen, was, wie bereits angedeutet, die schwierigere Variante ist. Die Umrundung musste in großem Abstand zum Kap erfolgen, so dass es nicht zu sehen sein würde. Um das zu umgehen und dicht am Kap Hoorn vorbeisegeln zu können, überlegte sich der damalige Kommandant, Kapitän zur See Norbert Schatz, einen vielleicht kurios erscheinenden Umweg und bezog diesen in seine zeitliche Planung von vornherein mit ein. Diese Route führte,

von Norden kommend, zunächst durch die Magellan-Straße auf die pazifische Seite Patagoniens, um dort mit Westwind und Ostkurs – also eigentlich falsch herum – das legendäre Kap so dicht wie möglich zu passieren. Anschließend stand der zusätzlich eingeplante Versorgungshafen Ushuaia in Argentinien auf dem Programm, etwa 130 Kilometer nördlich des Kap Hoorn im Beagle-Kanal gelegen.

Dieser nicht sehr große Hafen ist, nebenbei bemerkt, die südlichste bewohnte Ansiedlung der Erde und Versorgungsbasis für sämtliche Kreuzfahrten und sonstige Unternehmungen mit Ziel Antarktis. Von dort sollte es dann nach kurzer Pause und Ergänzung der Vorräte wieder in den Atlantik und auf regulärem Weg Richtung Pazifik und weiter nach Valparaiso, dem Hafen der chilenischen Hauptstadt Santiago de Chile gehen.

Tragisches Unglück in Salvador de Bahia

Die lange Reise begann planmäßig am 20. August 2010 mit Auslaufen aus Kiel. Der erste Törn der Kadetten absolvierte seine Ausbildung während der ersten Etappe und wurde in Las Palmas auf Gran Canaria vom zweiten Törn abgelöst. Mit diesem an Bord überquerte das Schiff den Atlantik und erreichte mit Salvador de Bahia in Brasilien den südamerikanischen Subkontinent. Dort wechselte zum zweiten Mal die Kadettencrew und der dritte Törn wurde eingeschifft, um anschließend zunächst die notwendige Einweisung und Segelvorausbildung zu absolvieren.

Im Rahmen der Segelvorausbildung ereignete sich dann nach kurzer Zeit ein tragisches Unglück. Eine der jungen Kadettinnen stürzte aus großer Höhe aus dem Großmast auf das Deck und erlag am Folgetag in einem Krankenhaus der Stadt ihren schweren Verletzungen. In der unmittelbaren Folge dieses Schocks entstand eine emotionale Ausnahmesituation, die wenige Tage später zu der Entscheidung führte, die gerade begonnene Ausbildung abzubrechen und die Kadetten dieses dritten Törns wieder nach Hause zurückzuführen.

Der diplomatische Auftrag der Reise blieb indes bestehen, stand von da an aber unter einem unglücklichen Stern, was sich allerdings erst etwas später zeigen sollte. Der dritte Kadettentörn

Auslaufen in Kiel unter vollen Segeln am 20. August 2010.

hätte bis zum nächsten Hafen Buenos Aires an Bord bleiben und dort gegen eine zahlenmäßig ähnlich starke Gruppe junger Mannschaften, zu einem großen Teil Wehrpflichtige, die sich dafür freiwillig gemeldet hatten, getauscht werden sollen. Eine solche Segelcrew ist notwendig, um in Phasen ohne eingeschiffte Kadetten mit diesen „hands on deck“ das Schiff segeln zu können. An diesem Plan hielt die Marine dann auch fest und führte diese Soldaten kurz vor Weihnachten 2010 zum Schiff nach.

Weihnachten in Buenos Aires – Silvester in Montevideo

Nachdem in Buenos Aires der offizielle Besuch durchgeführt und die Segelcrew nachgeführt worden war und diese ihre Segelvorausbildung absolviert hatte, verbrachte die Besatzung die Weihnachtsfeiertage in der argentinischen Hauptstadt. Im Anschluss verlegte das Schiff auf die andere Seite des Rio de la Plata nach Montevideo zum „Informal Visit“ in Uruguay.

Kranzniederlegung am Denkmal von General José Gervasio Artigas, Nationalheld der Unabhängigkeit Uruguays, auf dem Platz der Freiheit in Montevideo.

Nach dem offiziellen Besuchsprogramm mit Besuchen hochrangiger Vertreter aus Politik und Militär, einem Empfang durch die Deutsche Botschaft an Bord, einer Kranzniederlegung am Denkmal der Unabhängigkeit Uruguays, sowie einiger weiterer Events, stand vor der Weiterreise gen Süden mit nächstem Ziel Kap Hoorn nur noch der Jahreswechsel 2010/2011 im Kalender und im Schiffstagebuch. Völlig klar, dass dieses Silvester gefeiert werden sollte. Mit Blick auf die am nächsten Tag beginnende Weiterreise – und nicht zuletzt unter dem nachhaltigen Eindruck des tragischen Unglücks knapp zwei Monate vorher – fiel diese Silvesterfeier aber eher verhalten und weniger ausgelassen aus.

Eine Episode daraus ist allerdings erwähnenswert. Zu Hause gehört für viele das englische Bühnenstück „Dinner for One“ jedes Silvester zum Pflichtprogramm. Da aber auf der anderen Seite des Globus die dritten Programme der ARD an Bord nun mal nicht zu empfangen waren, musste dieser Programmteil wohl eher ausfallen. Weit gefehlt! Zwei Angehörige der Schiffsführung taten sich zusammen und übten das Stück mit den bekannten Dialogen ein – heimlich, denn es sollte eine nette Überraschung für die Besatzung in ernsten Zeiten werden. Parallel fertigten ein paar wenige eingeweihte Mannschaften der Stammbesatzung in der Segellast aus einem Stück Segeltuch sowie Pappe, Leim und Farbe ein beeindruckend echt aussehendes Tigerfell. Letzteres wurde gegen Abend des Silvestertages auf den Planken des Mitteldecks ausgelegt, einer der Klapptische aus den Kadettendecks, zusammen mit fünf Stühlen aus der Offiziermesse daneben aufgebaut, sowie ein Teil einer Nagelbank als Buffet eingerichtet – und fertig war die Bühne.

Nachdem der Kommandant zu dem Zeitpunkt, als zu Hause das Neue Jahr begann – in Montevideo passierte das erst vier Stunden später – einen Toast ausgebracht hatte und sich die Besatzung danach rund um die Kulisse auf dem Mitteldeck eingefunden hatte, auf Nagelbänken,

Ganz nah dran am Original und sogar in Farbe – „Dinner for One" auf dem Mitteldeck der Gorch Fock *im Hafen von Montevideo.*

Seekisten und der erhöhten Bootsbarring sitzend, konnte das Spektakel beginnen – stilecht mit den Dialogen in englischer Sprache. Zwecks ausreichender Akustik wurde die Darbietung durch den Einsatz von Mikrofonen und Lautsprechern unterstützt. Die berühmte Frage „by the way, Miss Sophie – same procedure as last year?" und die ebenso populäre Antwort „same procedure as every year, James" sorgten gleich zu Anfang für den ersten Applaus. Danach fehlten die zahlreichen Toasts der nur imaginär anwesenden Freunde von Miss Sophie, Mister Pommeroy, Mister Winterbottom, Admiral von Schneider und Sir Toby ebenso wenig wie das ständige Füllen und Leeren der Gläser. In diese kamen letztlich nur Wasser und farbige Limonade, aber das spielte keine Rolle. Auch das Finale „it was a wonderful party, James, but now I will retire" – „I´ll give you a hand, Madam" – dann erneut das bekannte Frage-Antwort-Spiel um das „same procedure" – und schließlich Butler James´ schicksalsergebene Antwort „well – I´ll do my very best!" gelang und rundete die Darbietung auf dem Niedergang, der Treppe zur Stelling gekonnt ab – beinahe wie im Fernsehen. Das Szenario und vor allem die Performance der beiden Protagonisten waren perfekt – was aber mit Fotos sehr viel besser „`rüberkommt" als mit langen Erzählungen. Unter dem Strich war es für alle Zuschauer eine willkommene und mit viel Applaus und Anerkennung honorierte Einlage in einer besonderen Silvesterfeier fern der Heimat. Und – by the way – das Tigerfell hat die zahlreichen Tritte von Butler James gegen seinen Hinterkopf schadlos überstanden.

Satellitenbild der Magellan-Straße mit der Reiseroute des Segelschulschiffes.

Passage der Magellan-Straße

Nach der Silvesterfeier ging es am Neujahrsmorgen 2011 in See und entlang der Küste Argentiniens mit Kurs auf die Einfahrt zur Magellan-Straße. Inklusive deren Passage, der anschließenden Umrundung des Kap Hoorn und der Weiterfahrt bis zum Versorgungshafen Ushuaia lagen rund 2000 Seemeilen respektive mehr als 3500 Kilometer vor dem Bug der Gorch Fock. Mit gutem Segelwind führte der Kurs südwärts bis zum Cabo Virgenes, dem Kap der Jungfrauen, der Einfahrt in die Magellan-Straße. Der meteorologische Empfang dort war ziemlich ruppig, was gut am chilenischen Lotsenboot zu erkennen war, das sich tapfer durch die Wellen kämpfte. Auch im weiteren Verlauf der Passage blieb das Wetter weitgehend unfreundlich, an Segeln war kaum zu denken.

Werfen wir kurz einen Blick auf die Geschichte der Magellan-Straße. Diese etwas mehr als 600 Kilometer lange Meerenge, die an ihrer schmalsten Stelle etwa zwei Kilometer breit ist, verbindet den atlantischen mit dem pazifischen Ozean und trennt das südamerikanische Festland von den südlich gelegenen Inseln mit der Haupt-

Kommandant Kapitän zur See Norbert Schatz und der Lotse der chilenischen Marine beraten sich.

Chilenisches Lotsenboot am Eingang der Magellan-Straße in schwerer See.

insel Feuerland. Das Kap Hoorn liegt rund 400 Kilometer weiter südlich. Die Erkundung dieses Seegebiets ist eng mit der Entdeckung Amerikas durch Christoph Kolumbus 1492 verbunden. Gut 25 Jahre später war man sicher, dass die Erde eine Kugel ist, war sich aber ebenso sicher, immer noch keinen Weg nach Westindien gefunden zu haben. In der Zwischenzeit hatte der Italiener Amerigo Vespucci, wie schon Kolumbus im Dienst der spanischen Krone, ebenfalls mehrere Expeditionen unternommen. Er erforschte und kartografierte große Teile der Karibik und der südamerikanischen Ostküste, gelangte südwärts aber nur bis zum Rio de la Plata. Er kam zur Überzeugung, dass die Bezeichnung Westindische Inseln falsch war und man stattdessen etwas viel Größeres, nämlich einen neuen Kontinent, entdeckt hatte. Letztlich verdankt ihm der Doppelkontinent Amerika daher seinen Namen. Der Drang, auf westlichem Weg auch nach Indien zu gelangen, blieb indes bestehen. So brach 1519 der Portugiese Fernando Magellan, ebenso im Dienst der spanischen Krone, mit einer Flotte von fünf Schiffen auf, um erneut nach einem Westweg nach Indien zu suchen. Er segelte entlang der Ostküste Patagoniens nach Süden, bis er am Tag der Jungfrauen 1520 ein Kap entdeckte, das er daher Cabo Virgenes taufte. Ein schwerer Sturm trieb seine Schiffe in eine große Bucht direkt südlich des Kaps, die sich im späteren Verlauf als Beginn der Passage zum Pazifik erwies. Erkundungen an Land ergaben kaum Erkenntnisse und auch nur wenige Möglichkeiten der Versorgung. Im Süden wurden nachts aber immer viele Feuer gesichtet, weswegen man diesen Teil der Küste Terra del Fuego, zu Deutsch Land des Feuers nannte, in allen Karten und Atlanten als Feuerland verzeichnet. Häufig durch widrige Winde behindert, dauerte es lange, bis die gesamte Passage erkundet und durchfahren war. Aber als die Flotte nach mehreren Wochen in den offenen Pazifik segelte, war Magellan sich

Eindrucksvolle Impressionen aus der Passage der Magellan-Straße.

sicher, den lange gesuchten Weg nach Indien und zu den Molukken, den wirtschaftlich wichtigen Gewürzinseln, gefunden zu haben. Auf dem weiteren Weg nach Westen überquerte er als erster Europäer den Pazifik. Doch das Schicksal wollte es, dass er den tatsächlichen Erfolg seiner Entdeckung nicht mehr genießen konnte. Im April 1521 kam er auf den Philippinen im Kampf mit Einheimischen ums Leben. Juan Sebastian de Elcano, einer der Kapitäne Magellans, übernahm sein Kommando und kehrte Anfang September 1522, fast drei Jahre nach Beginn der Unternehmung, nach Spanien zurück, wenn auch mit nur noch einem Schiff, der Galeone „Victoria", und nur wenigen verbliebenen Besatzungsmitgliedern. Die gesamte Expedition gilt als die erste dokumentierte Weltumsegelung.

Die nach ihrem Entdecker benannte Passage war ein Durchbruch für den Handel über See. Allerdings war die Durchfahrt von Ost nach West in der Zeit der reinen Segelschiffe sicher alles andere als einfach und eher gefährlich, zumal die Wetterbedingungen denen des etwa 100 Jahre später entdeckten Kap Hoorn ähneln, allerdings nicht ganz so unberechenbar sind. Für die Gorch Fock war insbesondere die zweite Hälfte der Durchfahrt mit Wind und See von vorn ein anstrengender Kampf gegen die Elemente. Segeln – unmöglich! Dennoch hatte die Magellan-Straße über rund drei Jahrhunderte eine große Bedeutung, die erst mit dem Bau des Panama-Kanals 1914 wieder abnahm.

Ungewohnte Fauna der Südhalbkugel

In den Gewässern rund um Kap Hoorn und Feuerland begegnete die Besatzung der Gorch Fock einer ungewohnten Tierwelt. Große Scharen an Seevögeln waren allgegenwärtig. Die findet man auch in Europa, aber die Arten sind doch andere. Ganz besonders faszinierend sind die großen Albatrosse, die ausschließlich auf der Südhalbkugel zu finden sind und ständige Begleiter der Gorch Fock waren. Mit nur seltenen Flügelschlä-

Große Schwärme von Seevögeln überall an den Küsten.

gen, sondern meist segelnd bewegen sie sich fast majestätisch über und zwischen den Wellen.

Ebenfalls auf der Nordhalbkugel nicht zu finden sind Pinguine, wenn man von in Zoos lebenden Tieren einmal absieht. In der Magellan-Straße und im Beagle-Kanal leben die relativ kleinen Magellan-Pinguine, zu erkennen an ihrer charakteristischen Gesichtszeichnung, die einer

Albatrosse – ständige Begleiter auf See.

Spielerische Sprünge von Commerson-Delphinen unmittelbar am Schiff.

Rechts: Magellan-Pinguine nähern sich neugierig.

Brille ähnelt, in größeren Kolonien. Die neugierigen und offenbar nur wenig scheuen Vögel näherten sich immer wieder dem Schiff, um dann im letzten Moment aber doch wieder abzudrehen und das Weite zu suchen.

Nicht weniger faszinierend als die Vogelwelt war auch die Begegnung mit häufig vorkommenden Meeressäugern. Ein Zusammentreffen mit einem in einiger Entfernung vorbeiziehenden großen Wal, höchstwahrscheinlich einem Buckelwal, blieb leider ein Einzelfall. Ganz anders das

Auftreten von Commerson-Delphinen, wegen ihrer auffälligen Zeichnung auch Schwarz-Weiß-Delphine genannt. Mehr als einmal tauchte eine kleine Gruppe von ihnen auf und vollführte – typisch Delphine – dicht am Schiff ihre spielerisch anmutenden Sprünge.

Pinguin-Kolonie im Beagle-Kanal vor Ushuaia.

Kap Hoorn in Sicht – und dann querab

Nachdem die Gorch Fock die Magellan-Straße verlassen und etwas Abstand zwischen Schiff und Küste gebracht hatte, wurden Segel gesetzt, angesichts der Wind- und Seegangsverhältnisse nur Sturmbesegelung. Mit Süd-Ost-Kurs und raumem Wind ging es gut voran. Etwas später auf reinem Ostkurs und achterlichem Wind begann das Schiff stark zu rollen. Der Kommandant entschloss sich daher, eine Weile vor dem Wind zu kreuzen. Eine halbwegs stabile Schräglage ist komfortabler als ein ständig von einer

auf die andere Seite rollendes Schiff. Davon, dass auf der Südhalbkugel in dieser Zeit des Jahres Sommer ist, war wenig zu spüren.

Am Morgen des 14. Januar 2011 kam schließlich vom Ausguck die Meldung „Land in Sicht“ – Kap Hoorn! Die Spannung, die sofort die gesamte Besatzung erfasste, war beinahe unbeschreiblich.

Werfen wir an dieser Stelle auch einen kurzen Blick auf die Geschichte dieser so berühmten wie berüchtigten Landmarke. Nach der Entdeckung der Magellan-Straße war die Suche nach einem Weg nach Ostindien, wie die Inselwelt rund um die heute zu Indonesien gehörenden Molukken irgendwann genannt wurden, zunächst erledigt. Im Laufe des 16. Jahrhunderts wurden auch die Niederländer als Handel treibende Seefahrer immer stärker und gründeten mehrere Handelsgesellschaften. Da die Schiffe der im niederländischen Hoorn beheimateten „Austraalse Compagnie“ die von Spanien kontrollierte Magellan-Straße nicht befahren durften, ging die Suche nach einem alternativen Westweg in den Pazifik weiter.

Im Auftrag der zu Deutsch „Australischen Kompanie“ waren es die beiden niederländischen Seefahrer Willem Cornelisz Schouten und Jakob le Maire, die am 29. Januar 1616 erstmalig das Kap Hoorn umrundeten. Zu Ehren des Heimatortes ihrer Gesellschaft nannten sie es Capo Hoorn. Damit war die Alternativroute zu den wichtigen Gewürzinseln gefunden, die, nebenbei bemerkt, gut 50 Jahre später gar in niederländischen Besitz übergingen und dies bis zu ihrer Unabhängigkeit beziehungsweise Integration in indonesisches Staatsgebiet in der Mitte des 20. Jahrhunderts auch blieben.

Wenige Jahre nach dieser Entdeckung wurde behauptet, der englische Seeheld Sir Francis Drake habe bereits 40 Jahre früher, im Oktober 1578, im Zuge seiner Weltumsegelung das Kap entdeckt und umrundet und es zu Ehren der damaligen englischen Königin Elizabeth I. „Cape Elizabeth“ genannt. Seine Aufzeichnungen und

Kap Hoorn voraus in Sicht.

Teils große Schräglagen machen die Arbeit anstrengend.

auch Befragungen seiner ehemaligen Besatzungsmitglieder – Drake selbst war zu dieser Zeit bereits 20 Jahre tot – stimmten allerdings mit der Realität nicht überein, so dass der Streit bestehen blieb. Den Pazifik hat Drake nachweislich durch die Magellan-Straße erreicht, ist danach zwar noch ein Stück Richtung Süden gesegelt, aber nicht südlich genug, um das Kap zu entdecken. Die Bezeichnung der etwa 1000 Kilometer breiten Durchfahrt zwischen Kap Hoorn und der Antarktis nach ihm als „Drake-Passage“ hat sich dennoch etabliert.

Sturm und Strömungen

Was macht nun das Kap Hoorn so besonders und so gefährlich? Dieser unwirtliche Ort liegt im Bereich der südlichen Westwindrift, die die antarktische Zirkumpolarströmung antreibt. Dieses Phänomen tritt in ähnlicher Form auch am Nordpol auf, ist auf der Südhalbkugel aber erheblich stärker ausgeprägt. Strömungsrichtung von Wind und Wasser sind identisch und treten nur äußerst selten in anderer Form auf. Da speziell ein Rahsegler kaum bis gar nicht gegen den Wind kreuzen kann, ist besonders der Weg nach Westen gegen diese Strömungen problematisch.

Oft haben Kapitäne mit ihren Schiffen wochenlang gegen die Elemente gekämpft. Viele sind dabei gescheitert.

Die Gegend um Kap Hoorn wird nie von einer Warmströmung erreicht. Der Wind weht mit minimal fünf Beaufort, im Mittel aber eher mit sieben Beaufort. Die Wassertemperaturen bewegen sich generell im einstelligen Bereich und auch die Lufttemperaturen erreichen nur selten knapp zweistellige Werte. Rund dreiviertel der Tage eines jeden Jahres regnet es. Diese Bedingungen gelten grundsätzlich auch noch für die etwas weiter nördlich liegende Magellan-Straße. Für das Kap Hoorn kommt hinzu, dass es in einem Breitenbereich liegt, in dem die Windverhältnisse besonders unberechenbar sind – im Englischen nicht ohne Grund als „Furious Fifties“ bezeichnet.

Ganz anders das Kap der guten Hoffnung an der Südspitze Afrikas, das ebenfalls für Legenden über Schicksale auf See gut ist. Es liegt aber fast 22 Grad und damit etwa 1300 Seemeilen oder 2400 Kilometer weiter nördlich als Kap Hoorn. Damit liegt es durchaus auch im Bereich von Warmströmungen und ist mit den Bedingungen des Kap Hoorn nicht wirklich vergleichbar.

Zurück zum 14. Januar 2011 am Kap Hoorn. Mit

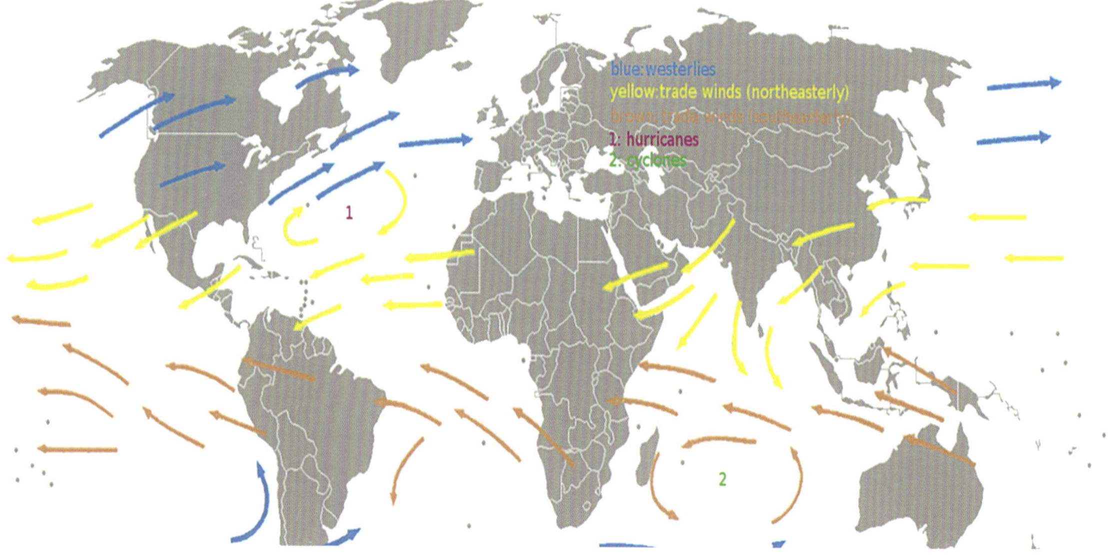

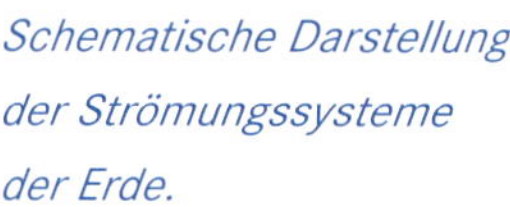
Schematische Darstellung der Strömungssysteme der Erde.

Immer näher kommt die Südspitze des Kontinents . . .

... und schließlich ist es erreicht – Kap Hoorn querab!

Live: Originalton des Kommandanten direkt vor Kap Hoorn ins Mikrophon gesprochen.

einer aus gerade einmal sieben Segeln bestehenden Sturmbesegelung, sieben Beaufort Wind und gut elf Knoten auf dem Log näherte sich die Gorch Fock dem steil und hoch aus dem Wasser aufragenden Felsen. Gischt und häufig überkommendes Wasser machten es der an Deck stehenden Segelwache ziemlich feucht, was an diesem Tag aber niemanden störte. Dann war es endlich soweit – Kap Hoorn querab! Im Abstand von nur knapp einer Seemeile, also weniger als zwei Kilometern, glitt die Gorch Fock am Kap Hoorn vorbei, das von der gesamten Besatzung ehrfürchtig bestaunt wurde.

Beim Anblick des Kaps nach seinen Gefühlen befragt, antwortete Kapitän zur See Schatz: „Das Kap Hoorn ist für den Segler das, was für den Bergsteiger der Mount Everest ist". Eine Bewertung, die eigentlich keiner weiteren Erklärung bedarf. Für ihn als ambitionierten Segler war der eingangs erwähnte Traum in Erfüllung gegangen – und für seine Besatzung selbstverständlich ebenso.

Besanschot an!

Dann war es auch schon wieder vorbei und der Felsen wurde beim Blick nach achtern schnell kleiner. Die Umsegelung des Kap Hoorn war vollbracht! Auf der Weiterfahrt mit nordöstlichem Kurs zur Einfahrt in den Beagle-Kanal wurde das Wetter im Windschatten der vielen Inseln etwas später deutlich ruhiger, teilweise sogar fast windstill, so dass alle ein wenig verschnaufen konnten. Diese Gelegenheit nutzte Kommandant Schatz, einer alten Tradition aus der Zeit der großen Frachtsegler zu folgen. Nach Heimkehr von oft langer und beschwerlicher Reise wurde nach Aufklaren des gesamten Riggs und aller Leinen als letztes der Besan mittschiffs geholt und mit der Schot festgezurrt. Wenn alles gut gegangen war, holte der Kapitän dann die Besatzung zusammen, um ihr in einer kurzen Ansprache seine Anerkennung für die zurückliegenden Stra-

Blick zurück nach der Passage des Kaps.

pazen auszusprechen. Zum Dank gab es dann für jeden Mann der Crew einen kleinen Schluck Rum – auf das Kommando „Besanschot an!".

Diese Tradition wird auf der GORCH FOCK nur sehr selten gepflegt, aber die eine oder andere Gelegenheit dafür hat es im Lauf der Jahrzehnte doch gegeben – und die erfolgreiche Umsegelung des Kap Hoorn war sicher eine solche. Auf das Kommando „Besatzung Steuerbord achteraus" versammelte sich die gesamte Mannschaft auf dem Mitteldeck mit Blick zur Brücke. Kapitän Schatz ließ dann die letzten Tage Revue passieren und drückte seiner Besatzung seine Hochachtung und ein dickes Lob für die erbrachte Gemeinschaftsleistung aus, die insbesondere den unter rauen Bedingungen an Deck arbeitenden Segelwachen viel abverlangt hatte. Danach hob er sein Glas mit Rum auf das Wohl der Besatzung in die Höhe – und kippte es über Bord! Gemäß der Tradition gehört der erste Schluck immer dem Meeresgott Neptun, damit dieser Schiff und Besatzung auch weiterhin gut gesonnen bleibt. Danach aber erhielt jeder einen „Schluck aus der Buddel" – wie es der Seemann salopp ausdrückt – und eine sichtlich stolze Segelschiffsbesatzung schwelgte in den Erinnerungen der jüngsten Vergangenheit.

Von der Umrundung des Kap Hoorn existieren nur Fotos, die vom Schiff aus gemacht wurden. Den Blick von außen hat der Marinemaler Olaf Rahardt wenig später in einem beeindruckenden, regelrecht dynamisch wirkenden Ölgemälde festgehalten, in dem sämtliche Details stimmen. Das Original hängt heute repräsentativ im Achterschiff der GORCH FOCK.

Die Heimreise

Der Rest der Südamerika-Reise ist schnell erzählt. Die GORCH FOCK machte nach einer Fahrt durch den Beagle-Kanal an der einzigen Mole im Hafen von Ushuaia fest, gegenüber eines französischen Antarktis-Kreuzfahrers. Die Vorräte, im Wesentlichen Dieselkraftstoff und Verpflegung, wurden für die Weiterfahrt ergänzt. Parallel zogen jedoch – bildlich gesprochen – dunkle Wol-

„GORCH FOCK am 14. Januar 2011 vor Kap Hoorn" titelt das fotorealistisch anmutende Gouache-Gemälde des Marinemalers Olaf Rahardt.

Das Segelschulschiff am Liegeplatz in Ushuaia.

ken auf, da die Heimat nach dem inzwischen mehr als zwei Monate zurückliegenden tragischen Todesfall in Brasilien nicht zur Ruhe kam, dies nicht zuletzt wegen anhaltender intensiver und ausgesprochen kritischer Berichterstattung in der Presse. So fiel die Entscheidung, auch den diplomatischen Auftrag der Reise aufzugeben und das Schiff auf dem kürzesten Weg wieder nach Hause zu bringen.

Der Kommandant, Kapitän zur See Norbert Schatz, wurde auf Anweisung aus dem Verteidigungsministerium seines Kommandos enthoben und musste die Heimreise auf dem Luftweg antreten. Zurück blieb eine zutiefst verstörte Besatzung, die sich ständig um die Frage nach dem WARUM drehte, aber keine Antwort fand. Kapitän Schatz war in der gesamten Besatzung geachtet und ausgesprochen beliebt. Was hatte er falsch gemacht? Eigentlich nichts – und den tödlichen Unfall in Brasilien hätte er nicht verhindern können. Aber natürlich trägt der Kommandant eines Schiffes für alles, was an Bord passiert, die Verantwortung. So blieb nur die Vermutung, dass mit dieser Maßnahme nur der größte Druck aus dem heimatlichen Kessel genommen werden sollte. Im Beisein der gesamten Mannschaft wurde Kapitän Schatz regelrecht liebevoll – teils sogar unter Tränen – von Bord verabschiedet. Mit dem Auftrag, Schiff und Besatzung nach Hause zu bringen, wurde sein Vorgänger im Kommando, Kapitän zur See Michael Brühn, erneut als solcher eingesetzt. Nach einigen Tagen der Vorbereitung, vor Ushuais am Anker liegend, ging es auf die Heimreise. Der eben erwähnte „kürzeste Weg“ bedarf allerdings noch einer Erläuterung. Er hätte Schiff und Besatzung auf dem in etwa gleichen Weg wieder zurückgeführt wie auf dem Hinweg – auf der Atlantikseite Südamerikas nach Norden. Für ein Segelschiff sind allerdings die globalen Strömungsverhältnisse die entscheidenden Faktoren der Reiseplanung. Zwar besitzt die Gorch Fock natürlich einen kräftigen Motor, aber der ist hinsichtlich seiner Dauerleistung nicht dafür ausgelegt, das Schiff rund 10 000 Seemeilen gegen die vorherrschenden Strömungen voran zu treiben, ganz abgesehen von den vielen erforderlichen Tankstopps. So verlief die Reiseroute weiter durch den Beagle-Kanal in den Pazifik – die erneute Umrundung des Kap Hoorn wurde fallengelassen – und mit dem Humboldt-Strom nach Norden mit weiteren Versorgungsstopps in Chile und Peru, dann durch den Panama-Kanal in die Karibik, dem ursprünglich geplanten Kurs entsprechend. Die Hafenbesuche in Mexiko und Kolumbien wurden allerdings gänzlich

Unten rechts:
Mit einem sehr persönlichen Abschiedsgeschenk verlässt Kapitän zur See Schatz die Gorch Fock.

Die GORCH FOCK vor Antritt der Heimreise am Anker im Beagle-Kanal.

gestrichen. Nach einem weiteren Versorgungsstopp in der Karibik ging es mit dem Golfstrom auf Heimatkurs, unterbrochen von einem letzten Versorgungshalt auf den Azoren. Unter großer Anteilnahme der Angehörigen der Besatzung, der Presse und auch der Bevölkerung lief die GORCH FOCK schließlich am 6. Mai 2011 wieder im Heimathafen Kiel ein – gut drei Monate nach dem Aufbruch aus Ushuaia auf der anderen Seite der Weltkugel und gut acht Monate nach Auslaufen aus Kiel.

Jedem Schiff und seiner Besatzung, die zusammen auf Reisen gehen, wünscht man eine glückliche Heimkehr. Glücklich heimgekehrt war die GORCH FOCK und ihre Crew nach spektakulärer Reise – neben der Weltumsegelung in den Jahren 1987/1988 vielleicht die spektakulärste Reise ihrer Dienstzeit überhaupt – aber eine glückliche Reise war es natürlich dennoch nicht!

Großer Besucherandrang bei der Heimkehr in Kiel am 6. Mai 2011.

Schluss

Schlussbilanz – Höhen und Tiefen, Wertschätzung und Tragik

„Die Gorch Fock war einst der Stolz der Marine, heute ist sie Symbol für das Elend der Bundeswehr.“ So geschrieben 2019 im Magazin Spiegel. Da stellt sich die Frage, ob das Segelschulschiff diese harsche Kritik verdient hat? Sicher nicht! An dieser Stelle eine – durchaus kritische – Bilanz- und Schlussbetrachtung.

Zum Ausklang dieses Buches ein Foto mit Symbolcharakter: Übergibt ein Kommandant – wie hier Kapitän zur See Helge Detlef Risch – das Schiff an seinen Nachfolger, so wird er traditionell von den Offizieren mit dem Kutter „abgepullt“.

Im Zusammenhang mit der fast sechsjährigen Werftzeit – die sicher alles andere als gut verlaufen ist – mag man wie jener Spiegel-Journalist zu solch vernichtender Bewertung kommen, aber das Schiff selbst kann dafür nichts. Vermutlich ist es vor allem sein hoher Bekanntheits- und auch Beliebtheitsgrad, der dazu führte, dass es in der Presse zum Negativsymbol für die gesamte Bundeswehr degradiert wurde.

bilanz

Große Zahlen – stolze Statistik

Die Gorch Fock hat die Werftzeit überstanden, wurde nicht stillgelegt oder gar verschrottet, sondern ist wieder in Fahrt gekommen – und das ist gut so, ganz besonders für die Marine! Seit 65 Jahren wurden hier Generationen von Offizier- und Unteroffizieranwärtern auf den Planken und in der Takelage auf ihre späteren Tätigkeiten vorbereitet. Ihre Zahl gibt die Marine mit mehr als 15 000 an. Nimmt man verfügbare Daten und rechnet mit Erfahrungswerten weiter, dürfte die Summe höher sein und eher bei 17 000 bis 17 500 liegen. Bis Ende des Jahres 2023 hat die Bark insgesamt 145 Auslandsausbildungsreisen – kurz AAR – absolviert, wobei deren Zählweise irgendwann in der zweiten Hälfte der 90er-Jahre von schiffsbezogen auf marinebezogen verändert wurde und die Anfang 2023 erfolgte 175. AAR insofern eine noch höhere Zahl suggerieren mag. In mehreren Fällen wurden jeweils zwei Reisen zu Doppelreisen vereinigt, im Fall der Weltumsegelung 1987/1988 waren es derer sogar vier. Die 80. bis 83. AAR fasste man damals in einer langen Reise zusammen, wobei die einzelne Nummer immer für einen geschlossenen Ausbildungstörn steht, dessen Teilnehmer unterwegs getauscht beziehungsweise durch eine Folgecrew abgelöst werden.

Bleiben wir zunächst noch bei der Statistik. Im Verlauf der eben genannten 145 Auslandsausbildungsreisen absolvierte die Gorch Fock rund 470 Hafenbesuche, lief dabei etwas mehr als 190 verschiedene Häfen in rund 65 Ländern auf allen fünf Kontinenten an. Prinzipiell befuhr sie alle sieben Weltmeere, wobei es unterschiedliche Definitionen gibt, welche Meere das eigentlich sind. Dabei hat sie einmal am Stück den Globus von Ost nach West umrundet, hat den Äquator und den Nördlichen Polarkreis überquert, den Panama-Kanal und den Suez-Kanal durchfahren. Das Kap der Guten Hoffnung und Kap Hoorn wurden umsegelt, außerdem diverse bekannte und teils anspruchsvolle Meerengen wie die Straße von Messina, der Pentland Firth, die Dardanellen und der Bosporus sowie die Straße von Malakka passiert.

Die Zahl der zurückgelegten Seemeilen gibt die Marine mit über 750 000 an. Auch diese Zahl dürfte erheblich höher liegen. Addiert man die Fahrstrecken sämtlicher Reisen – und die sind dokumentiert – kommt man auf etwa 830 000

Exakt ab dem 21. Oktober 1963 zierte die Gorch Fock die Rückseite der 10 D-Mark-Banknote.

Seemeilen. Tages-, Verlege- und Werftprobefahrten, die Teilnahme an Großveranstaltungen im Inland und sonstige Kurztrips sind hingegen nicht erfasst. Rundet man diese Zahl daher auf rund 850 000 auf, ist das sicher nicht maßlos übertrieben. Rechnet man diese Distanz aus dem nautischen ins metrische System um, so entspricht das knapp 1,6 Millionen Kilometern oder nicht ganz 40 Erdumrundungen. Stolze Zahlen!

Bekannte Bilder

Ebenso beeindruckend ist die Anzahl von Abbildungen der Gorch Fock, die im öffentlichen Raum in Umlauf waren. So zierte eine solche doch den 10 D-Mark-Schein ab Anfang der 1960er-Jahre für rund drei Dekaden und sollte damit die deutsche Weltoffenheit symbolisieren. Damit aber nicht genug. Zum 50. Geburtstag im Jahr 2008 gönnte die Deutsche Post dem Schiff eine Sonderbriefmarke im Wert von 55 Cent. Aus gleichem Anlass wurde eine Sondermünze im Wert von 10 Euro ebenfalls auf den Markt gebracht.

Links:
100. Geburtstag des Dichters Gorch Fock.

750 Jahre Kiel.

Rares Sammlerstück aus Süd-Korea.

Aus Anlass des 50. Geburtstags seines Schiffes präsentierte Norbert Schatz eine Sonderbriefmarke und eine Gedenkmünze.

Darüber hinaus zierte 1980 ein Teil der Takelage eine Sonderbriefmarke zum 100. Geburtstag ihres Namensgebers, des Dichters Johann Kinau alias Gorch Fock. Auch auf einer Sonderbriefmarke anlässlich der 750-Jahr-Feier ihres Heimathafens Kiel im Jahr 1992 durfte die Gorch Fock nicht fehlen. 1983 erschien sie gar mit einem Foto des Hamburger Schiffsfotografen Reinhard Nerlich auf einer Briefmarke Süd-Koreas.

Diplomatischer Auftrag unter weißen Segeln

Wie bereits an anderer Stelle erläutert, erfüllt die Gorch Fock einen diplomatischen Auftrag als Repräsentantin der Bundesrepublik Deutschland rund um den Globus. Mindestens sechs ehemalige Bundespräsidenten und weitere hochrangige Persönlichkeiten aus dem In- und Ausland haben das Schiff besucht und als Plattform für diplomatische Feierlichkeiten genutzt.
Hierzu ein Beispiel: 1683 landeten die ersten deutschen Siedler in Pennsylvania an der US-amerikanischen Ostküste. 300 Jahre später er-

Schiffspost aus Philadelphia von der 69./70. AAR mit den beiden deutsch-amerikanischen Sondermarken.

Rechts:
1989 beim 800. Geburtstag des Hamburger Hafens ..

... und 2023 während der Hanse Sail in Rostock.

schien aus diesem Anlass in Deutschland und in den USA eine identische Briefmarke mit dem Abbild der „Concord“, dem Schiff der Siedler. Für die Gorch Fock wurde ein Besuch in Philadelphia in Pennsylvania – auch die Wiege der USA genannt, weil dort die Unabhängigkeitserklärung unterzeichnet wurde – geplant, um für ein Treffen des damaligen Bundespräsidenten Carl Carstens und des seinerzeitigen US-Vizepräsidenten und späteren US-Präsidenten George Bush anlässlich dieses Jubiläums das passende Ambiente zu bieten. Der große Empfang fand Anfang Oktober 1983 an Bord statt.

Am gleichen Tag hatte einer der Segeloffiziere Geburtstag. Hierzu eine Anekdote am Rande: Seine damalige Freundin hatte ihm einen Kuchen gebacken und an den Hafenkapitän in Philadelphia adressiert. Das Päckchen kam auch an, weckte aber den Argwohn der Sicherheitsbehörden. Es wurde sogar pünktlich ausgeliefert, aber der Kuchen bestand nur noch aus Krümeln, nachdem die Beamten das Päckchen von allen Seiten mit langen spitzen Werkzeugen durchbohrt hatten, bis sie sicher waren, dass es keinen Sprengstoff enthielt. Für eine Weile war aber zumindest der Gesprächsstoff gesichert.

Regatten und Schiffsparaden

Sofern sie nicht gerade unterwegs ist, nahm und nimmt die Gorch Fock im Inland regelmäßig an maritimen Großveranstaltungen wie der Kieler Woche, der Sail Bremerhaven, der Rostocker Hanse Sail, oder dem Hamburger Hafengeburtstag teil. International hat sie neben den eben bereits geschilderten Events bisher an rund 20 Regatten der Sail Training Association teilgenommen, sieben davon gewonnen und zusätzlich mehrere vordere Plätze belegt.

Auch dazu eine kleine Anekdote: Die STA-Regatta 1978 in der Nordsee litt unter einer anhalten-

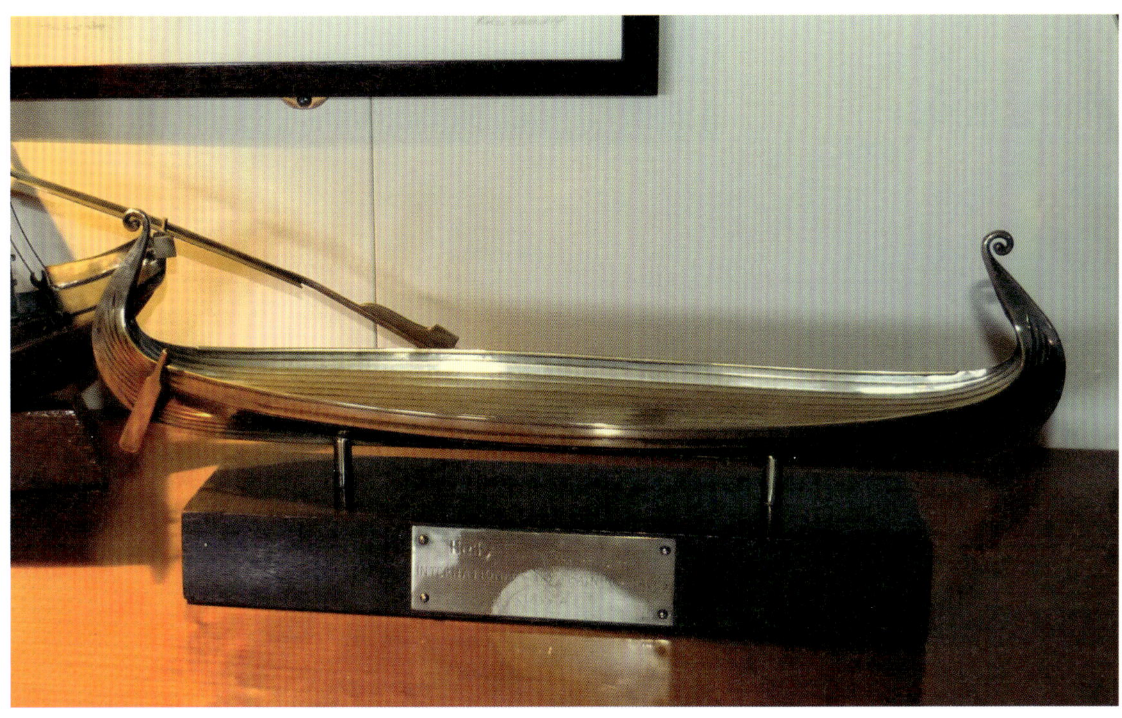

Trophäe aus massivem Silber: Für den Sieg bei der STA-Regatta 1978 erhielten Schiff und Besatzung diese Nachbildung des berühmten Oseberg-Schiffes.

den Flaute und wurde daher nach ein paar Tagen abgebrochen. Einzig die Gorch Fock kam, dem mutigen und eher kuriosen Rat des eingeschifften Meteorologen folgend, ein gutes Stück voran und konnte als einziges Schiff die Wendemarke umrunden, während alle anderen Teilnehmer der Regatta in der Flaute verhungerten. Daher wurde sie im Zielhafen Oslo zur Siegerin erklärt. Der Meteorologe, der dem Kommandanten einen Umweg dicht unter die norwegische Küste empfohlen hatte, weil er dort Wind vermutete und damit auch Recht behielt, war der Held des Tages. Im Rahmen einer Besatzungsmusterung durch den Ersten Offizier wurden ihm die Offizierssterne von seinen Schulterstücken entfernt und durch kleine goldfarbene Frösche ersetzt, die das Maschinenpersonal in liebevoller Kleinarbeit aus Messingblech gefertigt hatte – und die der so geehrte „Wetterfrosch" anschließend mit großem Stolz getragen hat. Solche und ähnliche Geschichten und Anekdoten ließen sich zu Dutzenden oder gar Hunderten erzählen, aber das würde ein eigenes Buch füllen.

Nachruf und Gedenken

In seinem Vorwort zu diesem Buch hat auch der Inspekteur der Marine festgestellt, „wie viele Geschichten es um unser Segelschulschiff zu erzählen gibt." Weiter schreibt er aber auch: „Leider sind das nicht nur leichte, heitere Anekdoten und fesselnde Erlebnisse, sondern manchmal auch Tragödien und persönliche Schicksale, die einem das Herz zerreißen." Da hat er recht! Die Gedanken gehen dabei sicher schnell zu den bislang sechs tragischen Unfällen, bei denen Mitglieder der Besatzung ihr Leben verloren. Am 1. April 1959 brach beim Aussetzen der Pinasse ein Teil des Heißgeschirrs und ein junger Offizier wurde vom Ladebaum erschlagen. Während der 12. AAR stürzte am 9. Mai 1963 im Hafen von Las Palmas auf Gran Canaria ein Obergefreiter aus dem Großmast und starb kurz darauf.

Danach passierte 35 Jahre lang nichts, zumindest kein Todesfall. Unfälle hat es dagegen durchaus gegeben, so beispielsweise Mitte Dezember 1992 kurz vor der Heimkehr von der

Der als „Gortopp" bezeichnete Übungsmast auf dem Areal der Marineschule Mürwik ...

... auf dem die Kadetten, mit Gurtzeug gesichert, für ihren künftigen Job in luftiger Höhe trainieren.

achtmonatigen Amerika-Reise, als im Kattegat während eines Segelmanövers ein Block unter Last explosionsartig platzte und einen Soldaten schwer verletzte. Er wurde ins nahe dänische Frederikshavn evakuiert und per Hubschrauber ins Bundeswehr-Krankenhaus nach Hamburg geflogen. Beherzte und kompetente Erstmaßnahmen des damaligen Schiffsarztes der Gorch Fock hatten dem jungen Kameraden das Leben gerettet, und er ist wieder vollständig genesen. Im Rahmen der 115. AAR verunglückte am 17. September 1998 ein Offizieranwärter im Kattegat durch einen Sturz von der Nock der Groß-Untermars aus 18 Metern Höhe. Ein schwedischer Rettungshubschrauber brachte ihn in eine Klinik im nahen Göteborg, wo er wenig später seinen schweren Kopfverletzungen erlag. Während der 129. AAR starb ein 19-jähriger Toppsgast der Stammbesatzung im Mai 2002 auf See südlich von Island nach einem Sturz aus großer Höhe vom Großmast. In der Nacht zum 4. September 2008 ging eine 18-jährige Offizieranwärterin nahe der Insel Norderney auf dem Weg zu einer Visite in Hamburg über Bord und ertrank. Am 7. November 2010 schließlich stürzte eine 25-jährige Offizieranwärterin während der Segelvorausbildung im Hafen von Salvador de Bahia in Brasilien aus etwa 27 Metern Höhe aus den Wanten des Großtopps an Deck und erlag am Folgetag in einem Krankenhaus der Stadt ihren schweren Verletzungen.

Als eine von mehreren Konsequenzen aus diesem letzten Unglücksfall wurde auf dem Gelände der Marineschule Mürwik ein den Gegebenheiten auf

der Gorch Fock nachempfundener Übungsmast, der „Gortopp“, errichtet. Hier werden die Kadetten auf ihre Zeit an Bord vorbereitet und sind dabei permanent gesichert, was an Bord des Schiffes selbst nicht überall möglich ist. Eine ausgesprochen wertvolle Übungsanlage, die auch schon Jahre und Jahrzehnte vorher sinnvoll gewesen wäre.

Die Namen der sechs Todesopfer lassen sich zumindest teilweise im Internet finden. Wir, die Autoren, haben sie dagegen bewusst weggelassen. Sie sollen in Frieden ruhen, aber nicht vergessen sein, deswegen nennen wir sie, aber eben ohne Namen. Mitnichten soll dies der Versuch sein, die im Gesamtkontext nur sehr kleine Zahl an Unfällen mit tödlichem Ausgang zu relativieren, wie es bereits von einigen Kritikern gemutmaßt wurde – sechs Todesopfer sind genau sechs zu viel, keine Frage! Es soll aber der Versuch sein, allen aktiven und nachfolgenden Generationen mahnend vor Augen zu führen, dass die Marine zwar ein faszinierendes und spannendes Arbeitsumfeld bietet, ein Schiff aber kein Spielplatz ist und die Seefahrt generell ein Gefahrenpotential birgt, dessen man sich immer und überall bewusst sein muss. Sicherheitsbestimmungen, -belehrungen und -einrichtungen sind kein Selbstzweck.

Résumé

Im Zusammenhang mit dem letzten tragischen Unglücksfall und weiteren darauf aufbauenden Vorwürfen sowie der langen Werftzeit ist das Segelschulschiff Gorch Fock zweimal innerhalb relativ kurzer Zeit negativ in die Schlagzeilen geraten. Das muss man nicht schönreden – beides waren im Grunde ernste Krisen, und die weitere Existenz des Schiffes stand mehrfach auf der Kippe. Für alle Gegner Öl ins Feuer.

Die Frage, ob ein Segelschulschiff in der heutigen Zeit überhaupt noch Sinn macht, wird sicher bleiben und weiter kontrovers diskutiert werden. Wie er darüber denkt, das muss jeder einzelne Leser dieser Zeilen für sich entscheiden. Wir, die Autoren, sind der festen Überzeugung, dass diese Frage mit „JA“ zu beantworten ist und fühlen uns nicht zuletzt durch ähnliches Gedankengut und eine wieder steigende Zahl ähnlicher Ausbildungsschiffe in mehreren Nationen rund um den Globus in dieser Sichtweise bestätigt. Wir gehen gar noch einen Schritt weiter und sind zusätzlich der Überzeugung, dass die Daseinsberechtigung für ein Segelschulschiff heutzutage größer ist als jemals zuvor.

Dem Sonnenuntergang entgegen: Die Gorch Fock am anderen Ende der Welt, in der Tasmansee zwischen Australien und Neuseeland.

Ahnengalerie – Die Kommandanten der Gorch Fock

Wolfgang Erhardt hatte bereits bei der Reichs- und Kriegsmarine reichlich Erfahrung auf Schulschiffen unter Segeln gesammelt.

Wolfgang Erhardt – Dezember 1958 bis Juni 1962, 41 353 gefahrene Seemeilen

Von den Mitgliedern seiner Besatzung wurde er hinter vorgehaltener Hand „Vadder" Erhardt genannt. Er galt als fürsorglicher Vorgesetzter, der für seine schneidigen Segelmanöver bekannt war. Geboren 1907 in Rostock, trat Wolfgang Erhardt in die Reichsmarine ein. Als Kadett absolvierte er einen Teil seiner Ausbildung an Bord der „Niobe". Als Offizier fuhr er später in verschiedenen Funktionen bis hin zum Ersten Offizier an Bord der ersten „Gorch Fock", der „Horst Wessel" und der „Albert Leo Schlageter". Während des Zweiten Weltkrieges kommandierte er unter anderem ein Torpedoboot und war später Kommandant eines Stützpunktes. Inmitten der Aufbauphase der Bundeswehr stieß er 1956 zur Marine. Zunächst kommandierte er die Marineunteroffizierschule in Brake, übernahm dann die Bauaufsicht und nach Indienststellung – mit dem Dienstgrad Kapitän zur See – das Kommando der Gorch Fock. Neun Auslandsausbildungsreisen absolvierte er, wurde anschließend Kommandeur der Dienststelle Kommando der Schulschiffe in Kiel. 1965 schied Wolfgang Erhardt aus dem aktiven Dienst der Marine aus. Im Alter von 77 Jahren verstarb er 1984.

Foto rechts: Kapitän zur See Hans Engel im Gespräch mit Bundesverteidigungsminister Kai-Uwe von Hassel (rechts) und dem US-Verteidigungsminister Robert McNamara.

Hans Engel Juli 1962 bis September 1965, 60 403 gefahrene Seemeilen

Hans Engel wurde 1910 in Kiel geboren, machte dort sein Abitur und bewarb sich im Anschluss als Offizieranwärter bei der Reichsmarine. Im Dienstgrad Leutnant zur See verdiente er sich seine ersten Sporen in der Marineartillerie. Ab 1937 fuhr er als Wachoffizier an Bord des Panzerschiffes „Admiral Scheer", bevor er zu den U-Booten wechselte, um dort zum Kommandanten ausgebildet zu werden. Als solcher geriet er in englische Kriegsgefangenschaft, aus der er erst

1946 wieder nach Hause kam. Mit Gründung der Bundeswehr trat er 1956 in die Bundesmarine ein. Ab 1961 kam er als Erster Offizier auf die Gorch Fock und wurde nahtlos deren zweiter Kommandant. Bis zu seiner Pensionierung war er im Anschluss Leiter der Verbindungsstelle der Marine zur Handelsmarine. Gleich anschließend wurde er Deutscher Delegierter der Sail Training Association und blieb dies bis 1981. Hans Engel wurde mit dem Bundesverdienstkreuz ausgezeichnet und war Mitbegründer des Vereins „Clipper – Deutsches Jugendwerk zur See“, später auch Vizepräsident der Sail Training Association. Er verstarb 2001 im Alter von 91 Jahren in Marburg.

Unter dem Kommando von Peter Lohmeyer - hier mit Prinz Philip, dem Gatten der britischen Königin Elisabeth - passierte die Gorch Fock erstmals den Äquator.

Peter Lohmeyer

Oktober 1965 bis Dezember 1968,
52 431 gefahrene Seemeilen

Geboren wurde Peter Lohmeyer 1911 auf der seinerzeit zu Deutsch-Ostafrika gehörenden Insel Sansibar, wuchs ab 1920 aber in Hamburg und Bielefeld auf. Nach der Schulzeit begann er seine Ausbildung zum Seeoffizier bei der Handelsschifffahrt, wurde dort an Bord des Frachtseglers „Bremen“ Kap Hoornier. Im Jahr 1934 trat er in die Reichsmarine ein, die kurze Zeit später zur Kriegsmarine wurde. Dort diente er für rund fünf Jahre bei den Seefliegern in der Fernaufklärung und flog nach seiner Qualifizierung als Pilot Flugboote der Typen Dornier DO Wal und DO 18. Während des Spanischen Bürgerkrieges war er als solcher auf Mallorca stationiert.Ab 1939 wechselte er schließlich zur U-Bootwaffe und wurde zweimal als U-Bootkommandant verwendet. Mit seinem zweiten Boot wurde er durch einen Wasserbombenangriff 1941 zum Auftauchen gezwungen und geriet mit seiner Besatzung in kanadische Kriegsgefangenschaft, aus der er erst sechs Jahre später heimkehrte. Nach einer Ausbildung zum zivilen Fluglotsen kam er 1956 zu den Marinefliegern, wurde aber dort erst 1957 Soldat. Schließlich kam er 1963 an Bord der Gorch Fock und wurde bereits zwei Jahre später deren dritter Kommandant. Im Zuge einer Reise nach Brasilien überquerte er als erster mit der Bark den Äquator. Nach seiner Versetzung in den Ruhestand 1969 führte er für einige Jahre die Passagierschiffe „Hamburg“ und „Hanseatic“ der Hamburg Atlantik Linie. Peter Lohmeyer verstarb 2002 in Schleswig.

Ernst von Witzendorff

Januar 1969 bis September 1972,
53 205 gefahrene Seemeilen

Der vierte Kommandant der Gorch Fock entstammt einem alten Adelsgeschlecht aus Niedersachsen und Mecklenburg. Ernst von Witzendorff wurde 1916 in Neustrelitz, der ehemaligen Residenzstadt des mecklenburgischen Adels, geboren. Im Anschluss an seine Schulzeit trat er 1937 als Kadett in die Kriegsmarine ein. Teile seiner Ausbildung

Seine Karriere führte Ernst von Witzendorff von der „Horst Wessel“ über die U-Bootwaffe bis auf das Segelschulschiff der Bundesmarine.

verbrachte er auf dem Segelschulschiff „Horst Wessel“. Zu Beginn des Zweiten Weltkrieges diente er als Wachoffizier auf Torpedobooten, wechselte aber bereits 1940 zur U-Bootwaffe. Den gesamten Krieg verbrachte er zunächst als Wachoffizier und ab 1942 als Kommandant auf mehreren U-Booten. Nachdem er sein letztes Boot hatte versenken müssen, weil es durch einen Luftangriff außer Gefecht gesetzt war, wurde er in der allerletzten Kriegswoche Kompaniechef im Wachbataillon Dönitz. Dort geriet er in englische Kriegsgefangenschaft, aus der er erst Ende 1947 heimkehrte. Mit Aufstellung der Bundeswehr trat er 1956 in die Marine ein, wo er neben anderen Verwendungen mehrere Jahre als Segel- und Kadettenoffizier, sowie später als Erster Offizier auf der Gorch Fock eingesetzt war, bis er schließlich Anfang 1969 mit dem Kommando über die Bark betraut wurde. Im Anschluss daran bekleidete er das Amt des Referenten für die Verbindung zur Handelsmarine im Führungsstab der Marine. Nach seiner Pensionierung setzte er sich in der Nähe von Kiel zur Ruhe und verstarb dort 1999 im Alter von 83 Jahren.

Hans Freiherr von Stackelberg

Oktober 1972 bis März 1978, 70 040 gefahrene Seemeilen

„Stacks“, wie er an Bord nur genannt wurde, ist wohl der bekannteste in der Phalanx der Kommandanten der Gorch Fock. Geboren 1924 in Reval, dem heutigen Tallin, der Hauptstadt Estlands, kam er noch während des Zweiten Weltkrieges zur U-Bootwaffe der Kriegsmarine. Nach Kriegsende segelte er als Kapitän von Hochseeyachten im Mittelmeer und trat mit Gründung der Bundeswehr 1956 in die Marine ein. Neben anderen Verwendungen fuhr er in der Hauptsache lange Jahre auf der neuen Gorch Fock, wo er vom Segeloffizier bis zum Ersten Offizier sämtliche Führungsebenen durchlief, bis er schließlich 1972 das Kommando der Bark übernahm. In seine Zeit fällt der erste Besuch eines deutschen Marineschiffes 1974 in Danzig, 35 Jahre nach dem dortigen Beginn des Zweiten Weltkrieges – sowie 1976 der Gewinn der „Five Sister Trophy“, dem Pokal der fünf Schwesterschiffe im Rahmen einer Regatta. Neben seiner Liebe zum Segeln war er passionierter Jäger und Reiter und hat zu allen drei Themen mehrere Bücher veröffentlicht. Nachhaltig in Erinnerung gebracht hat er sich mit dem Gorch Fock-Lied „Weiß ist das Schiff, das wir lieben“, das aus seiner Feder stammt. Der Träger des Bundesverdienstkreuzes wurde nach seiner Pensionierung ab 1984 einige Jahre Präsident des deutschen Ablegers der Sail Training Association, bevor er sich in seiner Wahlheimat, der Lüneburger Heide, zur Ruhe setzte, wo er Ende 2022 im hohen Alter von 98 Jahren verstarb.

Hans Freiherr von Stackelberg mit Bundespräsident Gustav Heinemann während dessen Visite an Bord.

Horst-Helmut Wind

April 1978 bis März 1982, 51 856 gefahrene Seemeilen

„Helle Wind“, wie er auch genannt wurde, war Segler mit Leib und Seele und beherrschte das Segelschiff wie kaum ein Zweiter. Geboren 1927 in Flensburg, kam er 1944 noch zur Kriegsmarine und erlebte das Kriegsende als Seekadett.

Mit der Übergabe einer Urkunde besiegeln Kommandant Horst-Helmut Wind und Landtagspräsident Dr. Helmut Lemke die Patenschaft zwischen der Gorch Fock und dem Schleswig-Holsteinischen Landtag in Kiel.

Danach ging er zunächst zur Wasserschutzpolizei in Hamburg, bevor er zur Handelsmarine wechselte und dort sein Patent zum Kapitän auf großer Fahrt erlangte. Er gehörte neben weiteren Fahrenszeiten fünf Jahre zur Besatzung der Viermastbark „Passat", zuletzt als deren Erster Offizier. Mit dieser Vorgeschichte trat er 1959 in die junge Bundesmarine ein und fuhr ab 1960 als Segeloffizier an Bord der Gorch Fock, wo er viel von seiner Segelschiffserfahrung in den Anfangsjahren des noch neuen Segelschulschiffes einbrachte. Nach weiteren Verwendungen in der Marine, unter anderem der Admiralstabsausbildung, wurde er Erster Offizier des Schulschiffes „Deutschland" und anschließend der Gorch Fock, bevor er im Jahr 1978 dann deren sechster Kommandant wurde. Im Anschluss an seine Fahrenszeit war er zunächst Standortältester in Hamburg, bevor er mit Beförderung zum Flottillenadmiral Kommandeur der Marineschule Mürwik wurde. Aus gesundheitlichen Gründen schied er 1985 vorzeitig aus dem aktiven Dienst der Marine aus. Ziemlich zurückgezogen lebte er danach in Glücksburg, wo er 2009 knapp 82-jährig verstarb.

Nickels Peter Hinrichsen

April 1982 bis März 1986,
56 597 gefahrene Seemeilen

Nickels Peter Hinrichsen wurde 1939 in Oldsum auf der Nordseeinsel Föhr geboren. Er entstammt einer alten nordfriesischen Seefahrerfamilie, deren Geschichte bis ins 17. Jahrhundert zurückreicht. Seine seemännische Laufbahn begann er bereits als 17-jähriger auf der Viermastbark „Passat". Bereits 1964 erlangte er nach dem Nautik-Studium sein Patent zum Kapitän auf großer Fahrt – im Alter von nur 25 Jahren! Nach einer Fahrenszeit als Erster Offizier auf einem Supertanker trat er 1965 in die Bundesmarine ein – wegen seiner nautischen Qualifikation gleich im Dienstgrad Oberleutnant zur See – fuhr in wechselnden Verwendungen auf Fregatten und Zerstörern sowie als Segel- und Divisionsoffizier an Bord der Gorch Fock. 1977 wurde er zunächst Erster Offizier des Zerstörers „Z5" und wechselte im Anschuss in gleicher Funktion wieder auf das Segelschulschiff. Aus dieser Funktion übernahm er 1982 nahtlos das Kommando über die Gorch Fock. In der Besatzung hieß er der Kürze halber häufig einfach nur „Nick". Sein Markenzeichen war sein großes Hobby, der Golfsport, dem er sich auch in See mittels eines speziellen Trainingsmoduls immer wieder widmete. Nach seiner Pensionierung 1990 führte er noch einige Jahre Segelkreuzfahrschiffe wie die „Sea Cloud", bevor er sich 1997 von der aktiven Seefahrt zurückzog und sich wieder seinem Hobby widmete, auch in ehrenamtlicher Funktion. Er lebt in Wyk auf Föhr.

Nickels Peter Hinrichsen war 1986 mit der gesamten Besatzung einen ganzen Tag lang Gast von Bundeskanzler Helmut Kohl in Bonn.

Immo von Schnurbein

April 1986 bis Dezember 1992,
108 013 gefahrene Seemeilen

Der charismatische „Schnurri", wie er in der Besatzung gerne genannt wurde, ist der Kommandant mit der mit Abstand höchsten Zahl an gefahrenen Seemeilen. Geboren 1938 in Berlin, aber aufgewachsen in der Nähe von Augsburg, zog es ihn nach dem Abitur dennoch zur See und in die Marine. Nach der Offiziersausbildung wurde er zunächst bei den amphibischen Kräften, später als Wachoffizier und Kommandant auf Minensuchbooten verwendet, dazwischen erst als Segeloffizier und dann als Divisionsoffizier, sowie nach der Admiralstabsausbildung als Erster Offizier auf der Gorch Fock. Nach der daran anschließenden Kommandantenzeit auf dem Trossschiff „Meersburg" ließ er sich in den Jahren 1978/79 beurlauben und führte im Sultanat Oman das Segelschulschiff „Shebab Oman" als Kapitän. Nach Rückkehr und einer Verwendung als Kommandeur des 1. Versorgungsgeschwaders wurde er schließlich 1986 Kommandant des Segelschulschiffes. Das absolute Highlight seiner Zeit als Kommandant war die bislang einzige Weltumsegelung in den Jahren 1987/88, mit Stationen wie Panama, Hawaii, Australien, Indien, Suez-Kanal, Israel und etlichen mehr – in elf Monaten und ca. 33 500 Seemeilen. Der Informal Visit in Haifa war der erste Besuch deutscher Soldaten in Israel seit dem Ende des Zweiten Weltkrieges. Nach seiner Kommandantenzeit ließ von Schnurbein sich vorzeitig in den Ruhestand versetzen und fuhr danach lange Jahre als Kapitän auf diversen Kreuzfahrern wie der Barkentine „Lili Marleen", dem Traumschiff „Deutschland" und einigen mehr. Auch im Alter von 80 Jahren war er immer noch aktiv – als Kapitän der „Alexander von Humboldt". Im Ruhestand lebt die Kapitänslegende in Augsburg.

Kein Kommandant absolvierte mehr Seemeilen mit der Bark als Immo von Schnurbein, worunter die bislang einzige Weltumsegelung fällt.

Thomas-Georg Hering

Januar 1993 bis September 1997,
68 008 gefahrene Seemeilen

Während des zweiten Weltkrieges 1943 in Berlin geboren, wuchs Thomas-Georg „Tom" Hering in Flensburg auf und trat nach dem Abitur 1965 als Offizieranwärter in die Bundesmarine ein. In der Flotte diente er zunächst als Fernmeldeoffizier auf Zerstörern, im Anschluss als Wachoffizier, Schiffstechnischer Offizier und später Kommandant auf Schnellbooten, unterbrochen von einer Verwendung als Ausbildungsoffizier an Bord des Schulschiffes „Deutschland", sowie einer weiteren als U-Jagdoffizier wieder auf einem Zerstörer. Auf die Gorch Fock wurde er 1984 versetzt, zunächst als Divisionsoffizier, im Anschluss als Erster Offizier. Nach einer Stabsverwendung in der Operationsabteilung der Marine übernahm er als neunter Kommandant Anfang 1993 die Führung des Segelschulschiffes. In den Jahren 1996/97 plante und absolvierte er die bislang längste Reise der Bark und besuchte 16 Länder auf vier Kontinenten. Mit elf Monaten Dauer war diese ähnlich lang wie die Weltumsegelung seines Vorgängers knapp zehn Jahre zuvor – die er

sowie einem „Bonbon“ als Austauschoffizier auf dem französischen Hubschrauberträger „Jeanne d´Arc“ – wechselte er 1977 als Wachoffizier zu den Schnellbooten, die zunächst seinen weiteren Weg prägten. Er wurde Kommandant, später Personaloffizier im Stab der Schnellbootflottille und schließlich Kommandeur des 5. Schnellbootgeschwaders in Olpenitz. An Bord der Gorch Fock kam er 1996 und wurde nach einem einjährigen Vorlauf als Erster Offizier deren zehnter Kommandant. Er war der erste Offizier in dieser Funktion ohne den gewohnten Verwendungsvorlauf seiner Vorgänger, der aber als passionierter Hochseesegler dennoch die erforderliche Expertise mitbrachte. Im Anschluss an seine Fahrenszeit warteten weitere spannende Verwendungen auf ihn. Zunächst wechselte er als Verbindungsoffizier der Deutschen Marine zur NATO in die

Die mit 36 000 Seemeilen bislang längste Seereise fand unter dem Kommando von Thomas-Georg Hering statt.

Seine Dienstzeit begann John Schamong als Wehrpflichtiger beim Heer und beendete sie als Verteidigungsattaché an der Deutschen Botschaft in Rom.

im Übrigen als Erster Offizier auch selbst miterlebt hatte – aber mit fast 36 000 Seemeilen dennoch um einiges länger. Sizilien, Israel, Indien, Malaysia, Singapur, Indonesien, Thailand, Philippinen, Malediven, Mauritius, Südafrika, Brasilien, Barbados und ein paar mehr waren die Stationen dieser einzigartigen Weltreise. Nach seiner Kommandantenzeit auf dem Segelschulschiff wurde er als Verteidigungsattaché an die deutsche Botschaft in Buenos Aires/Argentinien versetzt und beendete dort seine Dienstzeit. Kapitän zur See Hering lebt heute in der Nähe von Kiel.

John Schamong

Oktober 1997 bis August 2001,
41 843 gefahrene Seemeilen

Geboren 1951 in Köln, gelangte John Schamong nach seinem Abitur zunächst als Wehrpflichtiger in die Bundeswehr und wurde Tastfunker beim Heer, bevor er 1972 als Offizieranwärter zur Marine wechselte. Nach ersten Verwendungen auf einem Tender und einem Minentransporter –

USA nach Norfolk/Virginia, und anschließend wurde er, nach vorangehender Ausbildung, bis zum Ende seiner aktiven Dienstzeit Verteidigungsattaché an der Deutschen Botschaft in Rom. Nach seiner Zurruhesetzung kehrte er nach Deutschland zurück und lebt in Kiel.

Michael Brühn

August 2001 bis Februar 2006, 84 888 gefahrene Seemeilen

Michael Brühn wurde 1955 in Kiel geboren, folgte nach dem Abitur 1975 dem Ruf der Wehrpflicht und wurde Kanonier bei der Heeresflugabwehrschule in Rendsburg. Ein Jahr später wechselte er als Offizieranwärter zur Marine. Nach der Ausbildung, die ihn unter anderem auf die Gorch Fock und die „Deutschland" führten, verbrachte er seine ersten Verwendungen als Wachoffizier auf U-Booten, für die er bereits 1983 die Kommandanteneignung erlangte. Danach führte ihn sein Weg als Segeloffizier auf die Gorch Fock. Nach der weiteren Fachausbildung im Unterwasserseekrieg absolvierte er zwei Kommandantenzeiten bei der U-Bootflottille, unterbrochen von einer Verwendung als U-Jagdoffizier auf Zerstörern der Hamburg-Klasse, bevor ihn 1993 sein Weg erneut auf das Segelschulschiff führte, diesmal als Erster Offizier. Zwei Lehrverwendungen an der Marinewaffenschule und der Marineschule Mürwik später übernahm er schließlich das Kommando über die Gorch Fock. Highlight in dieser Zeit dürfte für ihn der bereits zweite Besuch mit der Bark in Haifa in Israel gewesen sein. Nach seiner Kommandantenzeit wurde er mit dem Amt des Beauftragten für das Havariewesen der Marine in Rostock betraut, bevor ihn der Weg einige Jahre später ein weiteres Mal auf die Gorch Fock führen sollte, was zu dieser Zeit jedoch noch nicht absehbar war.

2006 übernahm Michael Brühn das Kommando von seinem Vorgänger John Schamong im Beisein des damaligen Kommandeurs der Marineschule Mürwik, Flottillenadmiral Hubertus von Puttkamer.

Norbert Schatz

Februar 2006 bis Januar 2011
83 942 gefahrene Seemeilen

Geboren wurde Norbert Schatz 1957 in Freiburg im Breisgau und wuchs danach am Ufer des Bodensees auf, wo er früh das Segeln lernte. Nach dem Abitur ging er 1976 als Offizieranwärter zur Marine, wo er nach seiner Ausbildung, unter anderem auf der Gorch Fock und der „Deutschland", in ersten Funktionen an Bord von Fregatten eingesetzt wurde. An Bord der Gorch Fock kam er als Segeloffizier bereits 1984. Im Wechsel mit weiteren Verwendungen auf Fregatten wurde er dort Divisionsoffizier und nach der Admiralstabsausbildung Erster Offizier. Es folgten Verwendungen als Erster Offizier der Fregatte „Brandenburg", als Kommandant der Fregatte „Bayern" sowie als Lehrstabsoffizier in der operativen Ausbildung der Marine, bevor er Anfang 2006 schließlich mit dem Kommando des Segelschulschiffes betraut wurde. Eine Südamerika-Reise anlässlich des 200-jährigen Jubiläums der Unabhängigkeit südamerikanischer Staaten von Spanien wurde jedoch Anfang 2011 für ihn zum Schicksal. Nach dem tragischen Tod einer Kadet-

Kapitän zur See Norbert Schatz begrüßt Frank-Walter Steinmeier - seinerzeit deutscher Außenminister und 2017 zum Bundespräsidenten gewählt - 2007 in New York an Bord.

tin und in der Folge weiteren Vorwürfen wurde er kurz nach der erfolgreichen und spektakulären Umsegelung des Kap Hoorn in Ushuaia auf Feuerland von seinem Kommando abberufen und musste die Heimreise per Flugzeug antreten – ein bis dahin einmaliger Vorgang, der in der Marine für heftige Diskussionen und sehr viel Unverständnis sorgte. Kapitän zur See Schatz wurde im Anschluss bis zu seiner Pensionierung im Jahr 2018 als Leiter des Taktikzentrums der Marine eingesetzt. Er lebt in der Nähe von Wilhelmshaven.

Michael Brühn

Februar 2011 bis August 2012

Mit dem Auftrag, die Gorch Fock und ihre Besatzung aus dem südargentinischen Ushuaia wieder nach Hause zu bringen, wurde Michael Brühn ein zweites Mal als Kommandant eingesetzt. So trafen er und sein Crewkamerad Norbert Schatz, die beide gut 25 Jahre vorher bereits gemeinsam als junge Segeloffiziere an Bord waren, sich erneut auf den Decksplanken der Gorch Fock zur Kommandoübergabe, diesmal aber in umgekehrter Reihenfolge und ohne das übliche Zeremoniell. Gut drei Monate und über 10 000 Seemeilen später lief das Schiff am 6. Mai 2011 unter großer Anteilnahme der Angehörigen der Besatzung, der Bevölkerung und auch der Presse wieder in Kiel ein. Neben seiner Funktion des Havariebeauftragten der Marine blieb Kapitän zur See Brühn auch weiter kommissarisch Kommandant der Bark während der nach der Heimkehr anstehenden Werftzeit, da erst ab Sommer 2012 wieder ein Nachfolger verfügbar war. Nach seiner Pensionierung 2015 verließ er die norddeutsche Küste und lebt in seiner neuen Wahlheimat, der portugiesischen Atlantikinsel Madeira.

Helge Detlef Risch

August 2012 bis Juni 2014, 24 106 gefahrene Seemeilen

Mit dem Zitat von Hans Albers „Nach vorn geht der Blick, zurück darf ein Seemann nicht schauen", übernahm Kapitän zur See Helge Risch das

Kommandantenwechsel 2012: Helge Detlef Risch mit dem Kommandeur der Marineschule Mürwik Flottillenadmiral Thomas Josef Ernst und seinem Vorgänger Michael Brühn (v.r.).

Segelschulschiff, dessen Image immer noch unter dem Eindruck der vergangenen knapp zwei Jahre litt, im Sommer 2012 als Kommandant, um mit neuem Mut in die Zukunft zu segeln. Der 1963 in Lüdenscheid geborene Marineoffizier trat 1983 als Wehrpflichtiger in die Marine ein, wurde zunächst Unteroffizier und wechselte 1986 in die Offizierlaufbahn. Er diente in verschiedenen Verwendungen an Bord von Fregatten, zuletzt als Kommandant der Luftabwehrfregatte „Hamburg", aber auch bereits zweimal, erst als Segeloffizier und später als Erster Offizier, auf der GORCH FOCK. Bevor er mit dem Kommando über das Schiff betraut wurde, verbrachte er eine spannende Zeit als Teamleiter einer international besetzten Gruppe von Stabsoffizieren im Bereich der strategischen Konzeptentwicklung der NATO in den USA. Mit nur knapp zwei Jahren ist er der Kommandant mit der kürzesten Fahrenszeit in dieser Funktion, was aber letztlich nur seiner anspruchsvollen Verwendungsplanung geschuldet war. Im Anschluss besuchte er wieder die Schulbank, um weiter für den diplomatischen Dienst qualifiziert zu werden. 2020 wurde er, zum Flottillenadmiral befördert, Leiter des Verteidigungsattachéstabes an der Deutschen Botschaft in Peking. Nach seiner Rückkehr aus China wird er als Abteilungsleiter für Personal, Ausbildung und Organisation im Stab des Marinekommandos in Rostock verwendet.

Nils Brandt

Juni 2014 bis März 2022,
24 434 gefahrene Seemeilen

Nils Brandt erblickte 1966 in Bremerhaven das Licht der Welt, wuchs anschließend an der Kieler Förde auf und erlernte dort schon sehr früh, nach eigenen Worten „im Alter von gerade mal sechs Jahren auf Optimisten das Segeln". Er trat 1986 in die Marine ein. Nach seiner Ausbildung, auch an Bord der GORCH FOCK, fuhr er längere Zeit in Verwendungen im operativen Bereich an Bord von Fregatten, unterbrochen neben an-

Acht Jahre lang war Nils Brandt Kommandant des Segelschulschiffes, wobei nahezu sechs Jahre auf Werftliegezeiten fielen.

deren Funktionen auch von einem Einsatz als Divisionsoffizier auf dem Segelschulschiff. Zuletzt war der versierte Segler Kommandant der Fregatte „Schleswig Holstein", um gleich anschließend Erster Offizier auf der Gorch Fock zu werden und schließlich im Sommer 2014 deren Kommando zu übernehmen.

Seine Fahrenszeit verlief deutlich anders als geplant, als das Schiff Anfang 2016 planmäßig in einen Werftaufenthalt ging – der dann aber fast sechs Jahre dauerte und für das Schiff beinahe zur existenziellen Krise wurde.

Seiner Erfahrung halber wurde Kapitän Brandts Stehzeit im Kommando verlängert und er brachte Schiff und Besatzung nach der Werft zunächst wieder in Fahrt, bevor er Anfang 2022 das Kommando an seinen Nachfolger übergab – „schweren Herzens", wie er selber sagte. Mit fast acht Jahren ist er der Kommandant mit der bisher längsten Stehzeit – aber den in Relation dazu wenigsten gefahrenen Seemeilen. Im Anschluss erfolgten für den nach wie vor aktiven Marineoffizier, der in der Nähe von Hamburg lebt, Führungsverwendungen an der Marineschule Mürwik und an der Führungsakademie der Bundeswehr in Hamburg.

Andreas-Peter Graf v. Kielmansegg

ab April 2022,
11 576 gefahrene Seemeilen
(Stand Januar 2024)

Der 15. und aktuelle Kommandant des Segelschulschiffes der Deutschen Marine, Kapitän zur See Andreas-Peter Graf von Kielmansegg, wurde 1967 in Darmstadt geboren und trat im Sommer 1986 zunächst als Soldat auf Zeit in die Marine ein und fuhr nach der Ausbildung als Mannschaftsdienstgrad an Bord eines Schnellbootes, bevor er ein Jahr später als Seiteneinsteiger zur Offizieranwärter-Crew VII/87 stieß. Wie seinen Vorgänger führte auch ihn der Weg zunächst zu den Fregatten, wo er in mehreren Verwendungen auf verschiedenen Schiffen eingesetzt war und schließlich von 2010 bis 2012 Kommandant der Fregatte „Bayern" wurde. Im Anschluss daran diente er rund 10 Jahre in verschiedenen Stabsverwendungen, zuletzt als Gruppenleiter im Bereich Einsatzausbildung und Auswertung des Marinekommandos in Rostock, bevor er Anfang 2022 seinen Schreibtisch gegen die offene Brücke des Windjammers eintauschte. Die Decksplanken der Gorch Fock waren ihm aber durchaus nicht fremd, nachdem er im Vorfeld bereits mehrere Jahre in verantwortungsvollen Funktionen an Bord verbracht hatte – ab 1996 als Divisionsoffizier und ab 2004 als Erster Offizier. Für seine weitere Zeit als Kommandant seien ihm von Herzen stets gute Reise und immer eine glückliche Heimkehr – sowie nach guter alter Segler- und Seemannssitte „Mast- und Schotbruch" auf allen Kursen gewünscht!

Andreas-Peter Graf von Kielmansegg übernahm Ende März 2022 als 15. Kommanndant die Führung des Segelschulschiffes.

Zum Schluss ein herzliches Dankeschön ...

... und zwar zu allererst bei Kapitän zur See Nils Brandt, von 2014 bis 2022 Kommandant der Gorch Fock, aktuell Fakultätsleiter an der Führungsakademie der Bundeswehr in Hamburg. Als Protagonist in der sechsjährigen „Odyssee" des Segelschulschiffes war er uns ein jederzeit zugetaner Ansprechpartner mit immenser Sachkenntnis. Außerdem beim Inspekteur der Deutschen Marine, Vizeadmiral Jan Christian Kaack, sowie dem Kommandeur der Marineschule Mürwik, Flottillenadmiral Jens Nemeyer.

Großen Dank schulden wir der Besatzung des Segelschulschiffes Gorch Fock für die Gastfreundschaft, insbesondere ihrem Kommandanten, Kapitän zur See Andreas-Peter Graf von Kielmansegg, für die guten Gespräche. Gleiches gilt für unsere Unterstützer Kapitän zur See a.D. Thomas-Georg Hering, Kapitän zur See a.D. Norbert Schatz, Fregattenkapitän a.D. Ernst-A. Schneider und Oberleutnant zur See a.D. Woldemar Triebel

Gedankt für die Unterstützung dieses Buchprojekts sei weiterhin den Mitarbeitern des Marinekommandos, hier insbesondere Fregattenkapitän d.R. Martin Kübel, Tanja Wendt von der Mediendatenbank der Bundeswehr in Berlin, Marinemaler Olaf Rahardt, dem Pressesprecher der Lürssen-Werft Oliver Grün für die Bereitstellung technischer Zeichnungen, Jerome P. Schäfer vom Geramond Verlag und – last but not least – Horst Pawlikowski, unserem stets mit äußerster Präzision arbeitenden Grafiker.

Ulf Kaack und Achim Winkler,
im März 2024

Bildnachweis

Robert Anders: 71
Frank Behling: 10
Nils Brandt: 114or, 117, 118, 119, 120, 121, 122, 123, 124, 125, 126, 127ol
Ein Dahmer: 129o
Ulf Kaack: 11, 13, 14, 15, 21o, 21ul, 27u, 28, 29, 30ol, 30u, 31, 32, 33, 34, 35, 36, 37, 38, 39or, 40, 41, 47ul, 47ur, 48/49, 50, 51, 52, 53, 54, 55, 56, 57, 58, 59, 64o, 65o, 69, 96, 98ul, 100ur, 103, 105, 106u, 107, 108u, 109o, 111, 112, 114 ol, 128, 128m, 128u, 129m, 129u, 130/131, 143, 146o, 148o, 157ul, 185, 186
Manuel Miserok: 157ur
Ulf Neelsen: 159
Sönke Nielsen: 198
Manfred Ohde: 23, 97, 98ol, 98or, 98ur, 99, 101, 108m, 113o, 158, 193u, 194, 195o
Olaf Rahardt (Gemälde): 60/61, 177
Ernst-A. Schneider: 138, 139, 140
Achim Winkler: 147, 164, 168o
Argentinische Marine: 178o
Archiv Deutsche Marine: 62ol, 62ul, 76o, 78, 82o, 82m, 100ol, 100ul, 104o, 108o, 110, 113m, 113u, 127or, 132o, 133, 134, 136/137, 142u, 183o, 187, 188, 189, 190, 191, 192
Archiv Blohm & Voss: 62ur, 67, 68, 74/75, 76u, 77o, 79, 80, 81, 82u, 83, 84, 85, 86, 87, 157o, 184ro
Besatzung Gorch Fock: 178u
Bundesarchiv: 88/89, 90, 91, 92, 93
Bundeswehr/Steve Back: 8/9, 12, 94/95, 180/181
Bundeswehr/Ann-Kathrin Fischer: 195u
Bundeswehr/Anne Kienzle: 6
Bundeswehr/Yvonne Knoll: 4/5, 20, 21ur, 22, 24, 25m, 25ul, 25ur, 26, 27o, 102, 106o, 109u, 148or, 149, 150, 151, 152, 161/162, 166, 167, 168u, 169, 170, 171, 172, 173, 175, 176, 179o
Bundeswehr/Marcel Kröncke: 25or, 30or, 39ur, 104u, 144/145, 148ol, 148ur, 154/155, 184mr, 197

Bundeswehr/Leon Rodewald: 196
Bundeswehr/Ricarda Schönbrodt: 179u
Bundeswehr/Tanja Wendt: 165
Bundeswehr/Björn Wilke: 115, 153
DSST/STAG: 19u, 127u
Sammlung Kaack: 16, 42/43, 44, 45, 46, 47o, 62or, 63, 64u, 65u, 70, 72, 73, 132u, 156
Sammlung Hering: 193o
Sammlung Winkler: 183ml, 183u, 184ol
U.S. Navy: 141, 142o
Wikimedia Commons: 7, 12, 17, 18, 19o, 66, 77u, 93ur, 162, 163, 174, 182
Vorsatz: Blohm & Voss, Hamburg
Nachsatz: NVL B.V. & Co.KG, Hamburg (exklusive Rechte)
Umschlag: Bundeswehr/Marcel Kröncke
Rücktitel: Bundeswehr/Marcel Kröncke, Björn Wilke o

Literaturverzeichnis und Quellenangaben:

Archive Deutsche Marine, Rostock und Blohm & Voss Shipyard GmbH, Hamburg
Privatarchive Ulf Kaack, Ernst-A. Schneider, Achim Winkler
Besatzung Gorch Fock: 60 Jahre Segelschulschiff Gorch Fock, Eigenverlag, 2018
Bönisch, Otto: Die deutschen Schulschiffe 1818 bis heute, Koehler, Hamburg, 1998
Busch, Fritz Otto: Niobe – Ein deutsches Schicksal, Breitkopf & Härtel, Leipzig, 1932
Deutsches Marine Institut: Marineschule Mürwik, Mittler & Sohn, Herford, 1985
Grube, Frank und Richter, Gerhard: Das große Buch der Gorch Fock, Edition Maritim, Hamburg, 1979
Kaack, Ulf: Die Gorch Fock und ihre Schwesterschiffe, GeraMond, München, 2012.
Marquardt, Wulf: Die drei Leben der Gorch Fock I, Sutton Verlag, Erfurt, 2008
Ohde, Manfred: Gorch Fock, DaKaeLag, Herrliberg, 2001
Ohde, Manfred: Segelschulschiff Gorch Fock, Verlag pietsch, Stuttgart, 2008
Unterrichtsheft für die Segelschulschiffe Gorch Fock und Horst Wessel, Kriegsmarine, Kiel 1936
Wildberg, Roland: Gorch Fock, Edition Maritim, Hamburg, 2008

Impressum

Verantwortlich: Dr. Jerome P. Schäfer
Layout/Satz: Horst Pawlikowski, Weyhe
Repro: LUDWIG:media
Korrektorat: Rainer Köster, Syke
Einbandgestaltung: Kaj Ritter
Herstellung: Vanessa Brunner
Printed in Türkiye by Elma Basim

Sind Sie mit diesem Titel zufrieden? Dann würden wir uns über Ihre Weiterempfehlung freuen. Erzählen Sie es im Freundeskreis, berichten Sie Ihrem Buchhandler, oder bewerten Sie bei Ihrem nächsten Onlinekauf. Und wenn Sie Kritik, Korrekturen oder Aktualisierungen haben, freuen wir uns über Ihre Nachricht an GeraMond Media, Postfach 40 02 09, D-80702 München oder per E-Mail an lektorat@verlagshaus.de.

Unser komplettes Programm finden Sie unter www.geramond.de

Die Deutsche Nationalbibliothek verzeichnet diese Publikation in der Deutschen Nationalbibliografie; detaillierte bibliografische Daten sind im Internet über http://dnb.d-nb.de abrufbar.

ISBN 978-3-96453-056-1

Die Autoren

Ulf Kaack, 1964 in Neumünster geboren, lebt und arbeitet im niedersächsischen Dorf Möhlenhof südlich von Bremen. Nach seinem Marketing-Studium war er für verschiedene Unternehmen als PR-Experte, Pressesprecher und Chefredakteur tätig. Er ist Journalist und Autor von mehr als 60 Büchern. Seine bevorzugten Themen entstammen der Luft- und Seefahrt, der historischen Landtechnik sowie der Automobilgeschichte. Aus seiner Feder stammen verschiedene maritime Titel über die Geschichte der Reichs- und Kriegsmarine, der Deutschen U-Bootwaffe, der Bundesmarine, der Deutschen Marine, der Volksmarine der DDR und der Marineflieger, hier insbesondere ihrer Hubschrauber. Er hat die Historie der Gorch Fock und ihrer Schwesterschiffe untersucht, sich außerdem in mehreren Bänden detailliert der Arbeit und den Seenotkreuzern der Deutschen Gesellschaft zur Rettung Schiffbrüchiger gewidmet. 2012 wurde Ulf Kaack für sein Werk „Borgward – Das Kompendium" auf der Frankfurter Buchmesse mit dem ADAC-Autobuch-Preis ausgezeichnet. Er ist zudem als Autor für Fachzeitschriften, Magazine und Zeitungen innerhalb der eingangs genannten Genres regelmäßig tätig.

Achim Winkler, Jahrgang 1958, verbrachte Kindheit und Jugend am fern der See gelegenen linken Niederrhein in Nordrhein-Westfalen, bevor ihn nach dem Abitur 1977 der Ruf der Wehrpflicht zur Marine in nördliche Gefilde lockte. Zunächst als Wehrpflichtiger und dann als Zeitsoldat wurde er zum Maaten ausgebildet und erhielt mit einer ersten Verwendung an Bord der Gorch Fock, die bereits zu diesem Zeitpunkt sein Steckenpferd war, sein Traumkommando. 1978 wechselte er die Laufbahn und wurde Marineoffizier. Als solcher diente er rund fünf Jahre als Wachoffizier und Kommandant auf Schnellbooten, weitere drei Jahre als Artillerieoffizier an Bord eines Zerstörers, sowie in verschiedenen Funktionen insgesamt sechs Jahre an Bord der Gorch Fock, zuletzt als Ausbildungsstabsoffizier. Nach mehreren Stabs- und Ausbildungsverwendungen wurde er 2006 Pressesprecher der Marine in Kiel. In dieser Funktion war er auch für das Segelschulschiff zuständig und erlebte unter anderem die Umrundung des Kap Hoorn live mit. Nach seiner Pensionierung blieb er als Reservist der Marine und „seiner weißen Bark" auch weiterhin treu. Achim Winkler lebt im Ruhestand im niedersächsischen Lüneburg.